融合型·新形态教材
复旦学前云平台 fudanxueqian.com

普通高等学校学前教育专业系列教材

新编幼师
计算机应用基础

主　编　王向东

副主编　吴　涛

编　者　赵兴国　谢晓霞

复旦大学出版社

内容提要

本书分为7个模块：计算机基础知识主要介绍计算机系统的基础知识，包括计算机发展历程和趋势展望，讨论了计算机的分类与系统构成，还涉及一些计算机数制编码和计算机安全的知识；开始使用计算机主要包括计算机最基本的正确使用方法，讨论了计算机开机与关机、姿势和指法，以及计算机接口的认识；Windows XP操作系统主要涉及操作系统的基本概念和发展历程概述，并着重介绍了微软Windows XP的使用方法，主要包括文件和文件夹介绍、资源管理器使用、简单利用控制面板对系统进行设置、磁盘管理、附件程序的使用等；中文Word 2003的应用主要介绍这种文字处理软件，制作各种文档，如信函、传真、公文、报刊、书刊和简历等；中文Excel 2003的应用主要介绍成绩输入、编辑、处理、分析以及其他的表格数据的处理和相应操作；中文PowerPoint 2003的应用主要以幼师学生和幼儿园教师的实际应用为基础介绍幻灯片的制作、编辑、美化以及动画的设计和播放设置等；计算机网络Internet的应用主要介绍网络的基础知识和基本的Internet的应用。

编审委员会

主　任　王向东

副主任　邓刚云　　徐剑平

编　委　全晓燕　　曾祥琼　　甘利华　　牟洪贵

前 言

PREFACE

随着信息技术的飞速发展,新课程改革的日渐深化,以计算机应用技术作为教学的工具和手段服务于教学和生活的趋势,迫切要求教师的计算机应用水平不断提高,以适应时代发展变化的需要。

在实际教学中,幼师学生的生源特点和知识结构,给学习计算机应用技术带来诸多困难,主要表现在学生对计算机技术知识掌握远远跟不上时代对幼师学生的要求,学生的实践操作练习也无法与今后工作、生活中的计算机运用相联系。而现有幼师教材大多实用性不强,学生在学习中没有兴趣,开设计算机技术课往往是为了完成教学课程计划。本书的编写将着力克服这些问题,采用任务驱动教学,选取幼师学生和幼儿园教师经常使用到的具体实例进行讲解,从而更加浅显易懂,既注重知识的完整性,又注重幼师学生和幼儿园教师学习和工作中的具体需求和实践,真正做到需要什么学什么,具有很强的教学针对性与实践操作性。

本书分为7个模块:计算机基础知识、开始使用计算机、Windows XP 操作系统、中文 Word 2003 的应用、中文 Excel 2003 的应用、中文 PowerPoint 2003 的应用、计算机网络及 Internet 的应用。每个模块又细分成多个任务,按照任务目标,知识讲解,任务实训的结构方式对每个任务进行精心设置。

本书开课建议:周课时2节,开设一学年为宜。

本书由王向东担任主编,吴涛、赵兴国、谢晓霞3位老师负责编写。其中,模块一、模块二、模块三由赵兴国老师编写;模块四、模块五由吴涛老师编写;模块六、模块七由谢晓霞老师编写。学校编审委员会的领导和老师们提供了中肯的修改意见并负责对全书进行审稿,在此对他们的辛勤付出表示感谢!由于时间仓促和编写老师的水平所限,在本书中难免会有不足和错误之处,敬请大家批评指正。

编　　者

2013 年 8 月

目 录

CONTENTS

模块一 COMPUTER

计算机基础知识

模块简介：

　　本模块主要涉及计算机系统的基础知识，包括计算机发展历程和趋势展望，计算机的分类与系统构成，还涉及一些计算机数制编码和计算机安全的知识。

学习目标：

- 了解计算机的发展历程和发展趋势
- 掌握计算机的特点和分类
- 了解计算机系统组成
- 了解微型计算机的硬件组成
- 掌握计算机数制和编码
- 了解计算机病毒

任务一　计算机的发展与应用

 任务目标

了解计算机的特点和应用领域

了解计算机的发展历程

了解计算机的发展趋势

了解计算机的种类

知识讲解

一、计算机的定义和特点

1. 计算机的定义

广义的计算机指凡是能用于数值、逻辑计算的装置。其种类繁多,工作方式、结构和功能差异很大。一般所说的计算机是指现代电子计算机,俗称电脑(computer),是20世纪最先进的科学技术发明之一,对人类的生产、生活产生了极其深远的影响,引发了深刻的社会变革。现代电子计算机由美籍匈牙利人冯·诺依曼发明,是一种具备存储记忆能力,能高速、自动进行逻辑运算和算术运算的电子设备。

2. 计算机的特点

计算机之所以得以飞速发展和广泛应用,是因为它本身具有诸多特点。计算机的特点主要体现在:

图1-1　IBM红杉超级计算机

(1) 处理速度快　作为计算机性能主要指标之一,运算处理速度快无疑是计算机最主要的特点。一般用计算机一秒钟所能执行加法运算的次数来表示运算速度。目前的微型计算机的运算速度大约在百万次、千万次级;大型计算机在亿次、万亿次级。2012年,美国IBM公司研制的超级计算机红杉(Sequoia),以每秒惊人的16 324万亿次持续运算、20 132万亿次峰值的运算能力,位列世界第一,如图1-1所示。

计算机高速运算的能力极大地提高了工作效率,把人们从浩繁的脑力劳动中解放出来。过去需要用人工旷日持久才能完成的计算工作,计算机可能在瞬间即可完成。曾有许多数学问题,由于计算量太大,数学家们终其毕生也无法完成,使用计算机则可轻易地解决。在尖端科技领域(如生命科学、太空技术、网络数据分析等),没有计算机是不可想象的。从某个角度讲,没有高速度的计算机处理就没有现代科学研究。

微型计算机常以CPU的主频(Hz)标志计算机的运行速度,如现在美国的Intel公司生产的第三代酷睿高端处理器Core i7-3770K,主频高达3.5 GHz;而一般主流的办公电脑用的处理器,主频只有2.5 GHz甚至更低。

(2) 计算精确度高　一般在科学和工程计算课题中对精确度的要求非常高。而计算机则能保证计算结果的精度要求。比如,利用计算机可以计算出精确到小数200万位的π值。

(3) 存储容量大,存储时间长久　信息存储容量大和持久保持是现代信息处理和信息服务的基本要求。随着软盘、硬盘、固态硬盘(SSD)、CD光盘、DVD光盘、蓝光光盘(BD)等存储技术不断推陈出新,使计算机轻易地具备了海量存储信息的能力。在各种存储器中,硬盘是应用最广的。目前,家用计算机的硬盘容量已经能够达到2 T(1 T=1 024 G)甚至更高。

(4) 逻辑判断能力　计算机能进行各种比较、判断等逻辑运算,具有逻辑判断能力。计算机的逻辑判断能力也是计算机智能化必备的基本条件。

(5) 具有自动化工作的能力　自动化是计算机区别于其他工具的本质特点。美国计算机科学家冯·诺依曼(John. Von. Neuman)(见图1-2)曾提出著名的"存储程序和程序控制"思想,即以程序、数据和控制信息的形式向计算机提交任务程序,存储在计算机内,计算机再自动地逐步执行程序。只要预先把处理要求、步骤和处理对象等要素存储在计算机系统内,计算机就可以自动完成预定的全部处理任务。

(6) 应用领域广,通用性强　迄今为止,几乎人类涉及的所有领域都不同程度地应用了计算机,并发挥了它应有的作用。这种应用的广泛性是现今任何其他设备无可比拟的。而且这种广泛性还在不断地延伸,永无止境。

图1-2　冯·诺依曼

二、计算机的发展历程

计算机虽然只经历了几十年发展时间,但总体来看,呈现出一种大的越大、小的越小、从慢到快的加速发展的历程。从大型机到小型机,从小型机再到微型机;从台式机到笔记本、迷你 PC、HTPC、一体机、上网本,再到现在流行的平板电脑、超极本,计算机一直处于不断的发展之中。根据主要元件的差异,计算机大致分为 4 代:

(1) 第一代计算机(20 世纪 40～50 年代)　第一代计算机采用电子管元件,如图 1-3 所示,造价高,体积庞大,使用机器语言,存储量小,主要用于科学计算,只在重要部门或科学研究部门使用。

1946 年,世界上第一台电子数字计算机(ENIAC)在美国诞生,如图 1-4 所示。它体积较大,运算速度较低,存储容量不大,而且价格昂贵。这台计算机共用了 18 000 多个电子管,占地 170 m²,总重量为 30 吨,耗电 140 kW,运算速度却只能达到每秒进行 5 000 次加法、300 次乘法,使用也不方便,为了解决一个问题,所编制的程序的效率很低。

图 1-3　电子管

图 1-4　ENIAC 局部

(2) 第二代计算机(20 世纪 60～70 年代)　1958～1965 年,出现了第二代计算机,采用晶体管元件,是对大型主机进行的第一次“缩小化”,其运算速度比第一代计算机的速度提高了近百倍,体积为原来的几十分之一,成本较低,稳定性增强,开始使用计算机算法语言。这一代计算机不仅用于科学计算,还用于数据处理和事务处理及工业控制,可以满足中小企业事业单位的信息处理要求。

(3) 第三代计算机　1965～1970 年,出现了以中、小规模集成电路为电子器件的第三代计算机,应用范围越来越广。它们不仅用于科学计算,还出现了计算机技术与通信技术相结合的信息管理系统,可用于生产管理、交通管理、情报检索等领域。

(4) 第四代计算机(20 世纪 70 年代至今)　从 1970 年以后采用大规模集成电路(LSI)和超大规模集成电路(VLSI)为主要电子器件制成的计算机称为第四代计算机。1981 年 IBM 推出 IBM-PC,如图 1-5 所示,此后它经历了若干代的演进,使得个人计算机得到了很大的普及。

图 1-5　1981 年 IBM 推出的微型计算机

三、计算机的发展趋势

目前微型计算机正变得越来越小而且性能则越来越强并变得更加智能,计算机应用也更加多元化,已经进入网络化和云计算时代,云计算被视为革命性的计算模型,因为它使得超级计算能力通过互联网自由流通成为了可能,如图 1-6 所示。

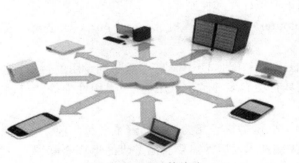

图 1-6　云计算终端

在半个多世纪的时间里,计算机技术几乎一直按照摩尔定律发展着。摩尔定律是由英特尔(Intel)创始人之一戈登·摩尔(Gordon Moore)提出的。其核心概念为:集成电路上可容纳的晶体管数目,约每隔 18 个月便会增加一倍,性能也将提升一倍。但许多科学家认为集成技术已经日益走向物理极限,要使计算机在性能上有更高的提升,必须从新材料、新技术入手,研制新一代的计算机。从未来的技术发展趋势看,生物计算机、光子计算机和量子计算机等新型计算机种类都有不小的发展空间。

1. 生物计算机

生物计算机开始研制于20世纪80年代中期,其最大的特点是采用蛋白质分子构成生物芯片,如图1-7所示。在这种芯片中,信息以波的形式传播,运算速度比当今最新一代计算机快10万倍,能量消耗仅相当于普通计算机的1/10,并且拥有巨大的存储能力。由于蛋白质分子能够自我组合,再生新的微型电路,使得生物计算机具有生物体的一些特点,如能发挥生物本身的调节机能自动修复自身故障,还能模仿人脑的思考机制。

图1-7　生物芯片

图1-8　光子计算机芯片

2. 光子计算机

光子计算机芯片以光子代替电子,光互连代替导线互连,光硬件代替计算机中的电子硬件,光运算代替电运算。其运算速度比电子计算机快1 000倍以上。光子计算机被列为21世纪高科技领域的重大课题,具有广阔的发展前景,如图1-8所示。

3. 量子计算机

如图1-9所示,量子计算机是基于量子效应、按量子力学规律进行高速运算、存储及处理信息的物理装置。量子计算机具有高速并行处理数据的能力,其运算速度快(可能比计算机的Pentium III晶片快10亿倍)、存储量大、功耗低,而且体积小(可以轻松放入衣袋内)。科学家们认为,量子计算机的心脏——微处理器将在5年左右研制成功,世界上第一台量子计算机有望在10年后诞生。量子计算机将对现有的保密体系、国家安全意识产生重大的冲击。

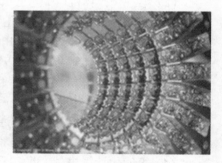
图1-9　量子计算机

四、计算机的分类

计算机的种类繁多,可以按其不同的标准分类:

(1) 按照工作模式　可分为数字计算机(digital computer)和模拟计算机(analogue computer)以及模拟数字混合型计算机。

数字计算机占据主导地位,我们通常所用的计算机,几乎都是数字计算机。它通过电信号的有无来表示数,具有精度高、便于存储等优点,适合于科学计算、信息处理、实时控制和人工智能等应用。

模拟计算机问世较早,通过电压的大小来表示数。模拟计算机存在通用性差、运算精度低、电路结构复杂、抗干扰能力极差等缺点,因此应用范围比较小,主要用于模拟计算和控制系统。

(2) 按照用途　分为专用计算机(special purpose computer)和通用计算机(general purpose computer)两大类。

专用计算机是为了解决一些专门的问题而设计制造的。具有单纯、使用面窄甚至专机专用的特点。在军事控制系统中,广泛地使用了专用计算机。通用计算机具有功能多、配置全、用途广、通用性强等特点,我们通常所说的就是指通用计算机。

(3) 按照性能指标　分为巨型机、大型机、小型机、工作站、微型机等几类。下面着重介绍几种:

① 巨型机:研制巨型机是现代科学技术,尤其是国防尖端技术发展的需要。巨型机的运算速度惊人:每秒几百亿次运算速度的巨型机一秒内所做的计算量,相当袖珍计算器每秒做一次运算、一天24小时、一年

365 天连续不停地工作 31 709 年！巨型机的主要发展方向是超并行巨型计算机,它是由大量处理器组成的计算机网络系统,成百上千甚至上万个处理器同时解算一个课题,实现超高速运算。

② 工作站:工作站是一种高档的微机系统。例如,图形工作站如图 1-10 所示,其最突出的特点是图形性能优越,具有很强的图形交互处理能力,因此在工程领域,特别是在计算机辅助设计(CAD)、影视动画等领域得到了广泛运用。

③ 微型机(个人计算机,PC):微型机从出现到现在不过二十几年,因其小、巧、轻、使用方便、价格便宜,其应用范围急剧扩展。

在各种微型机中,苹果机由于其先进的技术、友好的用户界面以及软硬件的完美结合,在个人计算机领域备受人们的青睐,如图 1-11 所示。

图 1-10　工作站

图 1-11　流行的各种便携机

目前,移动办公、娱乐渐成潮流,比台式微机更小、更轻并可随身携带的便携机便应运而生,笔记本电脑、上网本、平板电脑、超极本就是典型产品。

④ 网络计算机(NC, network computer):随着 Internet 的迅猛发展,网络计算机应运而生。网络计算机把需要共享和需要保持一致的数据相对集中地存放,整个网络看成是一个巨大的磁盘驱动器,把经常更新的软件比较集中地管理。目前,NC 发展还不成熟。

五、计算机的应用领域

当前,计算机已经从科研部门、学校、企事业单位进入寻常百姓家,成为信息社会中必不可少的工具。具体而言主要有如下几个方面的应用:

(1)科学计算　科学计算是指科学和工程中的数值计算。它与理论研究、科学实验一起成为当代科学研究的 3 种主要方法,主要应用在航天工程、气象、地震、核能技术、石油勘探和密码解译等涉及复杂计算的领域。

(2)数据处理(或信息处理)　信息处理是指非数值形式的数据处理,以计算机技术为基础,对大量信息进行加工处理,形成有用的信息,广泛应用于办公自动化、事物处理、情报检索、企业管理和知识系统等领域。信息处理是计算机应用最广泛的领域。

(3)辅助技术(或计算机辅助设计与制造)　计算机辅助技术指使用计算机辅助人们进行设计、加工、计划和学习等。可细分为若干类,比如,计算机辅助设计(computer aided design,简称 CAD)、计算机辅助制造(computer aided manufacturing,简称 CAM)、计算机辅助教学(computer aided instruction,简称 CAI)。

(4)过程控制(或实时控制)　过程控制是利用计算机及时采集检测数据,按最优值迅速地对控制对象进行自动调节或自动控制。采用计算机进行过程控制,不仅可以大大提高控制的自动化水平,而且可以提高控制的及时性和准确性,从而改善劳动条件、提高产品质量及合格率。目前,计算机过程控制已在机械、冶金、石油、化工、纺织、水电、航天等部门得到广泛的应用。

(5)人工智能(或智能模拟)　人工智能是研究怎样让计算机做一些通常认为需要人类智能才能做的事情(如判断、推理、证明、识别、感知、思考、规划、学习等思维活动)。现在人工智能的研究已取得不少成果,甚至进入实用化阶段。例如,具有一定思维能力的智能机器人等。

(6)网络应用　利用通信技术,将不同地理位置的计算机互联,以实现世界范围内的信息资源共享,并能交互式地交流信息。

任务实训

1. 归纳几代计算机的特点和差异。
2. 总结计算机的主要特点。
3. 通过网络了解计算机的应用范例。

任务小结：通过本任务的学习，要求知道计算机的发展历程和趋势，特别是不同时代计算机的特点，是要求掌握的重要内容。另外，还要掌握计算机的主要特点和应用。

任务二　计算机系统组成

任务目标

了解计算机硬件系统的组成
了解计算机的总线
了解计算机软件的分类

知识讲解

一、计算机硬件系统

计算机系统由硬件和软件两大部分组成。

1. 计算机硬件系统分类

完整的计算机硬件系统，应包括 5 个部分：输入设备、输出设备、存储器、运算器和控制器。

（1）输入设备　从外部获得信息的设备，如鼠标、键盘、扫描仪、手写板，如图 1－12 所示。

图 1－12　手写板(左)和扫描仪(右)

（2）输出设备　把计算机信息处理的结果以人们能够识别的形式表示出来的设备，如显示器、打印机、绘图仪、投影仪，如图 1－13 所示。

（3）存储器　计算机的存储器种类很多。按存储介质分，主要有半导体存储器（如 U 盘）、磁表面存储器（如硬盘）、光表面存储器（如光盘）几种，如图 1－14 所示；按存储器的读写功能分，有只读存储器（ROM）和随机读写存储器（RAM）两种。

只读存储器（read only memory，ROM）的特点是，在元件正常工作的情况下，其中的数据永久保存（即使断电），且不能修改，ROM 的读取速度较慢。主机板上的 BIOS 芯片就是采用的 ROM。

随机存取存储器（random access memory，RAM）的特点是，电脑运行时，所有正在运行的数据和程序都

图 1-13　投影机(左)、激光打印机(中)、绘图仪(右)

图 1-14　U盘(左)、硬盘(中)、光盘和光盘驱动器(右)

会放置在 RAM 中,并且随时可以对存放在里面的数据进行修改和存取。它的工作需要由持续的电力提供,一旦系统断电,存放在里面的所有数据和程序会自动被清空,且无法恢复。

　　(4)运算器　分为算术运算和逻辑运算。

　　(5)控制器　从存储器中取出指令,控制计算机各部分协调运行。计算机设计制造商将控制器和运算器整合集成到中央处理器(CPU)中,如图 1-15 所示。

图 1-15　AMD 的 CPU(左)和 Intel 的 CPU(右)

　　2. 微型计算机典型硬件组成

　　标准的台式机能够正常使用的最少硬件组成至少应该包括主机、显示器、键盘、鼠标,要实现多媒体功能,一般还需要多媒体音箱,如图 1-16 所示;也有将主机和显示器整合在一起的产品,称为一体机,如图 1-17 所示。

图 1-16　最基本的计算机硬件组成　　　　　图 1-17　苹果一体机

（1）主机　主机是计算机最重要的部分，在机箱里面一般安装了电源、主板、内存、硬盘、光盘驱动器（光驱）。根据主板的集成度和应用要求的不同，有的机器里面可能还有显卡、声卡、采集卡、网卡等部件。按照放置的方向的不同，机箱一般分立式和卧式两种，如图1-18所示。按照所支持的主板规格分为ATX机箱、Micro ATX机箱、BTX机箱等几种，其背部布局有区别，如图1-19所示。最常见的是ATX机箱。

图1-18　立式机箱（左）和卧式机箱（右）

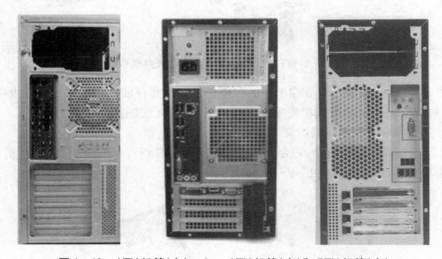

图1-19　ATX机箱（左）、micro ATX机箱（中）和BTX机箱（右）

（2）显示器　如图1-20所示，显示器是必不可少的输出设备，目前显示器有多种类型。按照显像原理的不同，主要有CRT显示器、LCD显示器和等离子显示器等类型。等离子显示器在国内较少见，不在介绍之列。

图1-20　CRT显示器（左）和LCD显示器（右）

CRT显示器是一种使用阴极射线管（cathode ray tube）的显示器，具有可视角度大、色彩还原度高、分辨率可调、响应时间短、价格低廉等优点；但缺点是体积重量大、功耗高、对眼睛伤害更大，目前基本被淘汰。

LCD显示器（liquid crystal display）即液晶显示器。它具有机身薄（节省空间）、省电、低辐射（有益健康）、画面柔和（不易伤眼）等显著优点，目前处于主流地位。

（3）键盘　键盘（keyboard）广泛应用于微型计算机和各种终端设备上，操作者通过键盘向计算机输入各种指令、数据,指挥计算机的工作。一般按工作原理分为机械键盘、塑料薄膜键盘、导电橡胶键盘、电容式键盘几种。常见的键盘多为 101 键或者 104 键,接口为 USB 接口或者 PS/2 接口,如图 1-21 所示。

图 1-21　键盘

(4) 鼠标　鼠标(mouse)也是计算机最常见的输入设备。按连接方式的差异,分有线和无线两种;按工作原理的不同分为机械鼠标和光电鼠标;按接口类型可分为 PS/2 鼠标、USB 鼠标等,如图 1-22 所示。

图 1-22　各种各样的鼠标

(5) 打印机　打印机(Printer)是计算机的输出设备之一,用于将计算机处理结果打印在相关介质上。按工作方式的不同,分为激光打印机、针式打印机、喷墨式打印机等几种,如图 1-23 所示。

图 1-23　激光打印机(左)针式打印机(中)喷墨打印机(右)

(6) 多媒体音箱　多媒体音箱的作用是将电脑中的声音还原出来。多媒体音箱本质上是一种有源音箱,即自身包含功放电路的音箱。多媒体音箱按照声道数的差异,有 2.0、2.1、4.1、5.1、7.1 等类型,如图 1-24 所示分别是 2.1 多媒体音箱(左)和 5.1 多媒体音箱(右)。

图 1-24　多媒体音箱

二、计算机系统的总线结构

总线(BUS)是指连接计算机各部件或计算机之间的一束公共信息线,是计算机系统中传送信息的公共途径。总线通常有以下 3 种:

(1) 内部总线　指微处理器内部各部件之间传送信息的通路,用来连接 CPU 内部的各逻辑部件。

(2) 系统总线　又称外部总线,用于连接微型计算机内的 CPU、存储器及 I/O 接口电路。

(3) 通信总线　用于各微型计算机系统之间或微型计算机系统与其他系统之间的通信。

通常所说的总线是指系统总线。系统总线传送着数据信息、地址信息、控制信息等几种类型的信息。

因此,系统总线又包含有 3 种不同功能的总线,即数据总线 DB(Data Bus)、地址总线 AB(Address Bus)和控制总线 CB(Control Bus),如图 1－25 所示。

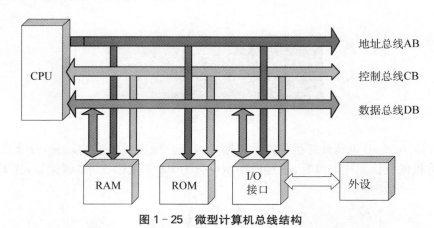

图 1－25 微型计算机总线结构

三、计算机软件系统

计算机软件(computer software)是指计算机系统中的程序、数据及其文档。计算机软件总体分为系统软件和应用软件两大类。

1. 系统软件

在计算机软件中最重要且最基本的就是操作系统(OS)。它是最底层的软件,控制所有计算机运行的程序并管理整个计算机的资源,是计算机裸机与应用程序及用户之间的桥梁。系统软件包括各类操作系统,如 Windows、Linux、UNIX 等,还包括操作系统的补丁程序及硬件驱动程序,都是系统软件类,现在微型计算机的操作系统主要应用的是微软的 Windows 系列。

2. 应用软件

应用软件(application software)是用户可以使用的各种程序设计语言,以及用各种程序设计语言编制的应用程序的集合,分为应用软件包和用户程序。应用软件种类繁多,数量庞大,如微软 Office、WPS 等办公软件,以 Flash、Maya 等为代表的动画制作软件,暴风影音、千千静听等媒体播放软件,以 QQ 为代表的通讯软件,以及各种杀毒软件等。

 任务实训

1. 认识微型计算机(台式机)的主要硬件

(1) 你现在在微机室看到的计算机是属于下面哪一种(　　)。

A. 标准的台式机 　　　　　　　　　　　　B. 一体机

(2) 该计算机包括下面哪几个部分(　　)。

A. 主机 　　　　　　B. 显示器 　　　　　　C. 键盘 　　　　　　D. 鼠标

E. 多媒体音箱

(3) 经过观察,可以发现我们使用的计算机主机机箱是(　　)。

A. 立式 　　　B. 卧式 　　　C. ATX 机箱 　　　D. Micro ATX 机箱 　　　E. BTX 机箱

2. 认识计算机的软件

启动计算机,统计一下里面安装有哪些软件,将它们的名字填写在下面空白处。

(1) 系统软件有:

(2) 应用软件有:

任务小结：知道计算机系统的构成是基本要求，对于存储器的类型，比较容易混淆；总线的知识稍作了解即可；软件的类别和区分要求掌握。

任务三　计算机的数制与数据信息编码

任务目标

了解计算机使用数制的意义
掌握常见数制的转换方法
掌握计算机的数据存储单位的换算
了解字符编码及编码转换

知识讲解

一、计算机中的数制

1. 数制相关概念

数制也称计数制，是指用一组固定的数字和一套统一的规则来表示数的方法。按进位的方法计数，称为进位计数制。进位计数制有 3 个要素：数位、基数、位权。

（1）数位　是指数码在一个数中所处的位置。

（2）基数　一种进制中，只能使用一组固定的数字来表示数目的大小，具体使用多少个数字符号来表示数目的大小就称为该数制的基数。

（3）位权　是指在某种进位计数制中，每个数位上的数码所代表的数值的大小，等于在这个数位上的数码乘上一个固定的数值，这个固定的数值就是这种进位计数制中该数位上的位权。例如，十进制，小数点左边第一位为个位数，其位权为 10^0，第二位为十位，位权为 10^1。

2. 数制的种类与表示

在计算机内部，一切信息的存取、处理和传送均采用二进制形式。但为了方便，还常采用八进制、十六进制和十进制作二进制的压缩形式。几种常见的数制见表 1-1。

表 1-1　常见数制

N 进制	符号	组成元素	基数（N）	进位法则
十进制	Decimal	0，1，2，3，4，5，6，7，8，9	10	逢十进一
二进制	Binary	0，1	2	逢二进一
八进制	Octal	0，1，2，3，4，5，6，7	8	逢八进一
十六进制	Hexadecimal	0，1，2，3，4，5，6，7，8，9，A，B，C，D，E，F	16	逢十六进一

因为有不同的数制，所以给出一个数时必须指明它是什么数制里的数。例如，$(1010)_2$、$(1010)_8$、$(1010)_H$、$(1010)_{10}$ 几个数字下标不同，代表不同数制的数字。对于 16 进制数字，习惯用后缀字母 H 表示，比如 2A4BH。

3. 数制的转换

（1）任意进制数转换为十进制数　就是按权展开求多项式之和。

例 1：将二进制数 1010 转成十进制数。

$(1010)_2 = 1 \times 2^3 + 0 \times 2^2 + 1 \times 2^1 + 0 \times 2^0 = 8 + 0 + 2 + 0 = (10)_{10}$。

（2）十进制转换为二进制数　对于整数部分，采用除基数取余数法；对于小数部分，则采用乘基数取整数法。十进制转八进制、十六进制数的方法类似。

例 2：将 $(30)_{10}$ 转换成二进制数。

```
2│30 ……0----最右位
2│15 ……1
2│ 7 ……1
2│ 3 ……1
     1 ……1----最左位
```

所以，$(30)_{10} = (11110)_2$。

例 3：将 $(30)_{10}$ 转换成八进制数。

```
8│30 ……6----最右位
     3----最左位
```

所以，$(30)_{10} = (36)_8$。

二、数据存储单位

1. 数据

数据是对事实、概念或指令的一种表示形式，可以由人工或自动装置进行处理。

（1）数据的形式　数据包括数字、文字、图形或声音等。

（2）数据的分类　分为数值数据、非数值数据。

2. 信息

信息是经过解释赋予一定意义的数据。

（1）控制信息　指挥计算机的各种操作的指令。

（2）数据信息　指计算机加工处理的对象。

注意：（1）计算机能识别和处理的只能是二进制数。

　　　　（2）计算机中有人读数据和机读数据两种状态。

3. 位

一个二进制位称为比特（bit），以 b 表示。一位可以表示 0 和 1 两种状态。位是数据的最小单位。

4. 字节

8 个二进制位称为字节（Byte），以 B 表示。字节是数据处理和数据存储的基本单位。一个字节的 8 位二进制自左至右排列，最左边为最高位，最右边为最低位。

换算公式为

1 KB = 1 024 B，

1 MB = 1 024 KB = 1 024 × 1 024 B，

1 GB = 1 024 MB = 1 024 × 1 024 KB = 1 024 × 1 024 × 1 024 B = 1 073 741 824 B。

三、字与字长

（1）字　在计算机中作为一个单元进行存储、传送等操作的一组字符或一组二进制位称为字（Word）。

（2）字长　一个字中的字符数量或二进制的位数称为字长。字长决定计算机处理信息的速率，是计算机的一个重要性能指标。

（3）字的组成　一个字由若干个字节组成。

四、字符集

（1）字符　用来组织、控制或表示数据的字母、数字及计算机能识别的其他符号。

（2）字符集　为了某一目的而设计的一组互不相同的字符。

（3）在微机系统中普遍采用的是有 128 个符号的键盘字符集,包括 10 个十进制数码 0～9,52 个大小写英文字母,32 个标点符号、专用符号、运算符号,34 个控制符。

五、字符编码

字符编码是规定用怎样的二进制编码表示数字、字母和各种专用符号。由于这是一个涉及世界范围内的有关信息表示、交换、处理、传输和存储的基本问题,因此都以国家标准或国际标准的形式颁布施行。

目前在微型机中普遍采用的字符编码是 ASCII 码。ASCII 是英文 American Standard Code for Information Interchange 的缩写,意为"美国标准信息交换代码"。该编码后被国际标准化组织 ISO(国际标准化委员会)采纳,作为国际通用的信息交换标准代码。ASCII 有 7 位版本和 8 位版本。

1. 7 位 ASCII 码

用 7 位二进制数表示一个字符,由于 $2^7 = 128$,所以可表示 128 个不同的字符,其中包括数码 0～9,26 个大写英文字母,26 个小写英文字母以及各种运算符号、标点符号及控制命令等。

注意：7 位 ASCII 表示数的范围是 0～127。

在微机中采用 7 位 ASCII 字符编码时,最高位 b_7 恒为零,因此,一个字符的 ASCII 码占一个字节位置。

2. 8 位 ASCII 码

使用 8 位二进制数进行编码,可以表示 256 种字符。当最高位恒为 0 时,编码与 7 位 ASCII 码相同,称为基本 ASCII 码。当最高位为 1 时,形成扩充 ASCII 码。

通常,各国都把扩充 ASCII 码部分作为自己本国语言字符代码。常用 ASCII 码见表 1-2。

表 1-2　ASCII 码举例

进制 ＼ 字符	0	A	a
二	0110000	1000001	1100001
十	48	65	97
十六	30	41	61

六、汉字编码

我国于 1981 年颁布了《信息交换用汉字编码字符集——基本集》,即国家标准 GB2312—80。基本集中共收集汉字和图形符号 7 445 个,汉字 6 763 个。分为两级:一级汉字有 3 755 个,属常用汉字;二级汉字有 3 008 个,属次常用汉字。另外,还有 682 个图形符号。

注意：一个汉字用两个字节表示。

1. 区位码

GB2312—80 基本字符集将汉字按规则排成 94 行、94 列,第一个字节用于表示区号,第二个字节用于表示位号,因此,每个汉字就有唯一的一个区号和一个位号,称为汉字的区位码。

给定汉字编码表中的一个区号(十进制 01～94)和位号(十进制 01～94),则唯一对应一个汉字或图形符号。例如,区号 54,位号 48(均为十进制),对应汉字为"中"。

区位码的安排:

（1）01～15 区　各种字母、数字及图形符号。

（2）16～55 区　一级汉字。

（3）56～87 区　二级汉字。

区位码是用十进制数表示的国标码,即国标 GB2312—80 中的区位编码,也可称为国标区位码。

2. 国标码

将汉字区位码的区码和位码分别用十六进制数表示,然后再加上十六进制数 2020 即为国标码。例如,"中"的区位码为 5448,表示成十六进制 3630,再加上 2020,则它的国标码为 5650。

国标码的主要作用是用于统一不同的系统之间所用的不同编码。将不同的系统使用的不同编码统一转换成国标码,不同系统之间的汉字信息就可以相互交换。

3. 汉字内码

计算机系统内部进行存储、加工处理、传输统一使用的代码,简称汉字内码或机内码。用户根据自己的习惯使用不同的输入码,进入系统后再统一转换成机内码存储。目前国内广泛使用的汉字内码是将国标码的两个字节的最高位分别置为"1",汉字机内码=汉字国标码+8080H(加十六进制8080H的目的是将表示汉字国标码的两个字节的最高位分别置为"1")。

4. 汉字外码

为方便人工通过键盘键入汉字而设计的代码称为汉字输入码,又称为汉字外码。比如,以汉字拼音为基础的拼音类输入法,以汉字拼形为基础的拼形类输入法。

5. 汉字字形码

汉字字形码又称为汉字输出码或汉字发生器编码,是指汉字字库中存储的汉字字形的数字化信息。

汉字是一种象形文字,每一个汉字都可以看成是一个特定的图形,这种图形可以用点阵来描述。

汉字字形点阵有16×16、24×24、32×32点阵等。随点阵数的不同,汉字字形码的长度不同。例如,16×16点阵占32个字节,24×24点阵需72个字节。

6. 汉字字库

汉字字形数字化后,以二进制文件的形式存储在存储器中,构成汉字字形库或汉字字模库,简称汉字字库。

汉字字库为汉字的输出设备提供字形数据,汉字字形的输出是将存储在汉字字库中的相应字形信息取出,送到所指定的汉字输出设备上。

 任务实训

1. 所有信息在计算机中都是以( )编码的形式存在的。英文符号采用国际通用的( ),一个这样的编码占用一个( )的空间;汉字采用的是( )编码,一个这样的编码占用两个字节的空间;不管是什么文字,要在屏幕上显示或在打印机上打印,都要有相应的字形码(点阵信息,也叫字模),100个24×24点阵的汉字字形码,在计算机中要占用( )B的空间。

A. 十进制　　　　　B. 二进制　　　　　C. 汉字内码　　　　D. 汉字区位码
E. 字节　　　　　　F. 字长　　　　　　G. ASCII码　　　　　H. 8421BCD码
I. 100×24×24　　　J. 24×3×100

2. 计算机中表示信息量的最小单位是( ),最基本单位是( ),其次还有( )。

A. 字节(Byte)　　　B. 二进制位(bit)　　C. 千字节(KB)　　　D. 兆字节(MB)
E. 千兆字节(GB)

任务小结:本节重点介绍了计算机中使用的数制及其转换方法,另外还要注意数据存储单位的换算。对于字符编码也要有所了解。

任务四　多媒体基础知识

 任务目标

了解多媒体技术的概念和作用

了解多媒体的特点

了解多媒体的发展

 知识讲解

一、多媒体技术的概念与作用

多媒体技术(multimedia technology)是利用计算机对文本、图形、图像、声音、动画、视频等多种信息综合处理、建立逻辑关系和人机交互作用的技术。多媒体技术使计算机系统的人机交互界面和手段更加友好和方便,同时也使计算机可以处理人类生活中最直接、最普遍的信息,极大地改变了人们获取信息的传统方法,更加符合人们在信息时代的阅读要求。

二、多媒体的特点

(1)信息载体的多样性 是相对于计算机而言的,即指信息媒体的多样性。

(2)多媒体的交互性 用户可以与计算机的多种信息媒体进行交互操作,从而为用户提供了更加有效地控制和使用信息手段。

(3)集成性 以计算机为中心综合处理多种信息媒体,它包括信息媒体的集成和处理这些媒体的设备的集成。

(4)数字化 媒体以数字形式存在。

(5)实时性 声音、动态图像(视频)随时间变化。

三、多媒体的发展状况

1. 音频技术

音频技术发展较早,几年前一些技术已经成熟并产品化,甚至进入了家庭,如数字音响。音频技术主要包括4个方面:音频数字化、语音处理、语音合成及语音识别。

音频数字化目前是较为成熟的技术,多媒体声卡就是采用此技术而设计的,数字音响也是采用了此技术取代传统的模拟方式而达到了理想的音响效果。音频采样包括采样频率和采样数据位数两个重要的参数。采样频率即对声音每秒钟采样的次数。人耳听觉上限在 20 kHz 左右,目前常用的采样频率为 11 kHz、22 kHz 和 44 kHz 几种。采样频率越高音质越好,存储数据量越大。采样数据目前常用的有 8 位、12 位和16 位 3 种。不同的采样数据位数决定了不同的音质,采样位数越高,存储数据量越大,音质也越好。CD 唱片采用了双声道 16 位采样,采样频率为 44.1 kHz,达到了专业级水平。

音频处理范围较广,但主要集中在音频压缩上,目前最新的 MPEG 语音压缩算法可将声音压缩 6 倍。语音合成是指将正文合成为语言播放,目前国外几种主要语音的合成水平均已到实用阶段,汉语合成近几年来也有突飞猛进的发展。在音频技术中难度最大、最吸引人的技术当属语音识别。

2. 视频技术

虽然视频技术发展的时间较短,但是产品应用范围已经很广,与 MPEG 压缩技术结合的产品已开始进入家庭。视频技术包括视频数字化和视频编码技术两个方面。视频数字化是将模拟视频信号经模数转换和彩色空间变换转为计算机可处理的数字信号,使得计算机可以显示和处理视频信号。目前采样格式有两种:Y:U:V4:1:1 和 Y:U:V4:2:2,前者是早期产品采用的主要格式,Y:U:V4:2:2 格式使得色度信号采样增加了一倍,视频数字化后的色彩、清晰度及稳定性有了明显的改善。

视频编码技术是将数字化的视频信号经过编码成为电视信号,可以录制到录像带中或在电视上播放。对于不同的应用环境有不同的技术可以采用,从低档的游戏机到电视台广播级的编码技术都已成熟。

3. 图像压缩技术

图像压缩一直是技术热点之一,它的潜在价值相当大,是计算机处理图像和视频以及网络传输的重要基础,目前 ISO 制订了两个压缩标准即 JPEG 和 MPEG。JPEG 是静态图像的压缩标准,适用于连续色调彩色或灰度图像。它包括两部分:一是基于 DPCM(空间线性预测)技术的无失真编码,一是基于 DCT(离散余弦变换)和哈夫曼编码的有失真算法。前者图像压缩无失真,但是压缩比很小,目前主要应用的是后一种算法,图像有损失但压缩比很大,压缩 20 倍左右时基本看不出失真。

MJPEG 是指 MotionJPEG,即按照 25 帧/秒速度使用 JPEG 算法压缩视频信号,完成动态视频的压缩。

MPEG 算法是适用于动态视频的压缩算法,它除了对单幅图像进行编码以外还利用图像序列中的相关原则,将帧间的冗余去掉,大大提高了图像的压缩比例,通常保持较高的图像质量而压缩比高达 100 倍。MPEG 算法的缺点是压缩算法复杂,实现很困难。

 任务实训

1. 什么是多媒体技术? 其特点主要有哪些?

2. 一般音频文件的格式有哪些? 视频文件的格式有哪些? 图形文件的格式有哪些? 请通过查阅资料概括一下。

> **任务小结**:本节介绍了多媒体技术领域的几个方面:音频处理技术、视频处理技术和图形处理技术,这是计算机中最常用到的,必须掌握。

任务五 计算机的安全知识与病毒防御

 任务目标

掌握计算机病毒的定义
掌握计算机病毒的特点
了解计算机病毒的种类
掌握计算机病毒的防御方法

 知识讲解

一、计算机病毒的定义

计算机病毒(computer virus)是指编制者在计算机程序中插入的破坏计算机功能或者破坏数据,影响计算机使用并且能够自我复制的一组计算机指令或者程序代码。

二、计算机病毒的特点

(1)破坏性 计算机中毒后,可能会导致正常的程序无法运行,把计算机内的文件删除或受到不同程度的损坏。通常表现为增、删、改、移。

(2)传染性 计算机病毒会通过各种渠道从已被感染的计算机扩散到未被感染的计算机,在某些情况下造成被感染的计算机工作失常甚至瘫痪。一旦被复制或产生变种,其速度之快令人难以预防。是否具有传染性是判别一个程序是否是计算机病毒的最重要标志。

(3)潜伏性 一个编制精巧的计算机病毒程序,进入系统之后一般不会马上发作,因此病毒可以静静地躲在磁盘或磁带里呆上几天,甚至几年,一旦触发条件得到满足,就会四处繁殖、扩散,产生危害,比如 CIH 病毒。

（4）隐蔽性　计算机病毒具有很强的隐蔽性，有的可以通过病毒软件检查出来，有的根本就查不出来，有的时隐时现、变化无常，这类病毒处理起来通常很困难。

（5）可触发性　病毒既要隐蔽又要维持杀伤力，它必须具有可触发性。病毒具有预定的触发条件，这些条件可能是时间、日期、文件类型或某些特定数据等。病毒运行时，触发机制检查预定条件是否满足，如果满足，启动感染或破坏动作，使病毒进行感染或攻击；如果不满足，使病毒继续潜伏。

三、计算机病毒的分类

计算机病毒可以根据下面的属性进行分类：

（1）存在媒体　根据病毒存在的媒体，病毒可以划分为网络病毒、文件病毒、引导型病毒以及混合型病毒。网络病毒通过计算机网络传播感染网络中的可执行文件；文件病毒感染计算机中的文件（如，COM、EXE、DOC 等）；引导型病毒感染启动扇区（Boot）和硬盘的系统引导扇区（MBR）。

（2）传染渠道　根据病毒传染的方法可分为驻留型病毒和非驻留型病毒。驻留型病毒会把自身的内存驻留部分放在内存（RAM）中，这一部分程序挂接系统调用并合并到操作系统中，处于激活状态，一直到关机或重新启动。非驻留型病毒一般情况下则不感染计算机内存。

（3）破坏能力　无害型除了传染时减少磁盘的可用空间外，对系统没有其他影响；无危险型病毒仅仅是减少内存、显示图像、发出声音等；危险型病毒在计算机系统操作中造成严重的错误；非常危险型病毒删除程序、破坏数据、清除系统内存区和操作系统中重要的信息。

（4）算法

伴随型病毒并不改变文件本身，它们根据算法产生 EXE 文件的伴随体，具有同样的名字和不同的扩展名（COM），例如，XCOPY.EXE 的伴随体是 XCOPY-COM。病毒把自身写入 COM 文件并不改变 EXE 文件，当系统加载文件时，伴随体优先被执行到，再由伴随体加载执行原来的 EXE 文件。

蠕虫型病毒通过计算机网络传播，不改变文件和资料信息，利用网络从一台机器的内存传播到其他机器的内存，计算网络地址，将自身的病毒通过网络发送。有时它们存在系统中，一般除了内存不占用其他资源。

寄生型病毒依附在系统的引导扇区或文件中，通过系统的功能进行传播，按其算法不同可分为练习型病毒、病毒自身包含错误，不能进行很好的传播，例如一些病毒在调试阶段。

四、预防病毒的传播

要有效防止计算机病毒的传播，既要注意提高系统的安全性，安装杀毒软件并定期更新，同时也要提高管理人员和使用人员的安全意识，使大家养成良好的使用习惯。这才是最有效的。良好的计算机安全使用习惯要点如下：

（1）注意对系统文件、重要可执行文件和数据进行写保护；

（2）不使用来历不明的程序或数据；

（3）尽量不用软盘进行系统引导；

（4）不轻易打开来历不明的电子邮件；

（5）使用新的计算机系统或软件时，要先杀毒后使用；

（6）备份系统和参数，建立系统的应急计划等。

【拓展阅读】 木马

1. 木马的特点与原理

"木马"（Trojan）这个名字来源于古希腊传说（荷马史诗中木马计的故事）。木马程序是目前比较流行的病毒文件，与一般的病毒不同，它不会自我繁殖，也并不"刻意"地去感染其他文件，它通过将自身伪装吸引用户下载执行，向施种木马者提供打开被种者电脑的门户，使施种者可以任意毁坏、窃取被种者的文件，甚至远程操控被种者的电脑。

一个完整的特洛伊木马套装程序含了两部分：服务端（服务器部分）和客户端（控制器部分）。植入对方电脑的是服务端,而黑客正是利用客户端进入运行了服务端的电脑。运行了木马程序的服务端会产生一个有着容易迷惑用户的名称的进程,暗中打开端口,向指定地点发送数据(如网络游戏的密码、即时通信软件密码和用户上网密码等),黑客甚至可以利用这些打开的端口进入电脑系统。

2. 木马的分类

(1)网游木马　随着网络在线游戏的普及和升温,中国拥有规模庞大的网游玩家。网络游戏中的金钱、装备等虚拟财富与现实财富之间的界限越来越模糊。与此同时,以盗取网游帐号密码为目的的木马病毒也随之发展泛滥起来。网络游戏木马的种类和数量,在国产木马病毒中都首屈一指。流行的网络游戏无一不受网游木马的威胁。一款新游戏正式发布后,往往在一到两个星期内,就会有相应的木马程序制作出来。大量的木马生成器和黑客网站的公开销售也是网游木马泛滥的原因之一。

(2)网银木马　网银木马是针对网上交易系统编写的木马病毒,其目的是盗取用户的卡号、密码,甚至安全证书。此类木马种类数量虽然比不上网游木马,但它的危害更加直接,受害用户的损失更加惨重。

任务实训

1. 总结计算机病毒的几个特征。
2. 如何更好地防范计算机病毒?

任务小结:本节主要介绍了计算机的安全常识。重点讲解了计算机病毒和木马的定义和特点。提高防范意识,养成良好操作习惯,才能保证计算机系统的正常运行。

思考与练习

1. 世界上第一台计算机是(　　)年在美国宾西法尼亚大学诞生的。
   A. 1934　　　　　　　B. 1946　　　　　　　C. 1954　　　　　　　D. 1956
2. 计算机中采用二进制的原因有许多,其中最主要的原因是(　　)。
   A. 运算规则简单　　　　　　　　　　B. 可以节约元器件
   C. 可以加快运算速度　　　　　　　　D. 可用两种物理状态明确表示
3. Byte 的意思是(　　)。
   A. 字　　　　　　　　B. 字长　　　　　　　C. 字节　　　　　　　D. 二进制
4. 和十进制数 155 相等的二进制数是(　　)。
   A. 10101110　　　　　　B. 11111110　　　　　　C. 10011011　　　　　　D. 10011110
5. 保持微型计算机正常运行必不可少的输入输出设备是(　　)。
   A. 键盘和鼠标　　　　B. 显示器和打印机　　　C. 键盘和显示器　　　D. 鼠标和键盘
6. 若一张软盘已染上病毒,彻底消除病毒应采用的措施是(　　)。
   A. 删除该软盘上的所有文件　　　　　　B. 格式化该软盘
   C. 删除该软盘上的所有可执行文件　　　D. 删除该软盘上的所有批处理文件
7. 使用超大规模集成电路制造的计算机应属于(　　)。
   A. 第一代　　　　　　B. 第二代　　　　　　C. 第三代　　　　　　D. 第四代
8. CAM 英文缩写的意思是(　　)。
   A. 计算机辅助教学　　B. 计算机辅助设计　　C. 计算机辅助测试　　D. 计算机辅助制造
9. 计算机发展史通常划分为(　　)代。
   A. 3　　　　　　　　　B. 4　　　　　　　　　C. 5　　　　　　　　　D. 6

10. 第一代计算机使用的主要逻辑元件是（　　）。
A．晶体管　　　　　　B．电子管　　　　　C．中、小规模 IC　　　D．大规模 IC

11. 第二代计算机使用的主要逻辑元件是（　　）。
A．晶体管　　　　　　B．电子管　　　　　C．中、小规模 IC　　　D．大规模 IC

12. 下列有关存储容量的式子中，正确的是（　　）。
A．1 KB = 1 000 B
B．1 MB = 1 000 KB
C．1 GB = 1 024 MB
D．1 GB = 1 024 × 1 024 MB

13. 在汉字国家标准字符集中，一级汉字有（　　）个。
A．6 763　　　　　　　B．3 008　　　　　　C．7 445　　　　　　D．3 755

14. 设内存容量为 8 MB，则其存储容量为（　　）。
A．8 × 1 024 bits　　　B．8 × 1 024 × 1 024 B　　C．8 × 1 024 bytes　　D．8 × 1 024 × 1 024 KB

15. 一个完整的计算机系统应分为（　　）。
A．软件系统和硬件系统
B．主机和外设
C．运算器、控制器和存储器
D．CPU、存储器和 I/O 设备

16. 在微机中，将数据送到软盘上，称为（　　）。
A．写盘　　　　　　　B．读盘　　　　　　C．输入　　　　　　D．以上都不是

17. 世界上首次提出存储程序计算机体系结构的是（　　）。
A．莫奇莱　　　　　　B．艾仑·图灵　　　　C．乔治·布尔　　　　D．冯·诺依曼

18. 计算机最主要的工作特点是（　　）。
A．速度快、能存储、体积小
B．速度快、价格低、程序控制
C．速度快、能存储、程序控制
D．价格低、功能全、体积小

19. 一个完整的计算机硬件系统应包括 CPU、（　　）、输入设备和输出设备。
A．主板　　　　　　　B．外设　　　　　　C．运算器　　　　　D．存储器

20. 在计算机中的硬件组成中，主机包括（　　）。
A．CPU　　　　　　　B．CPU 和内存　　　C．CPU、内存与外存　D．CPU、内存与硬盘

21. 微型计算机的性能主要取决于（　　）。
A．内存　　　　　　　B．中央处理器　　　　C．硬盘　　　　　　D．显示卡

22. 下列叙述中，错误的是（　　）。
A．磁盘同样是输入、输出设备
B．硬盘属于内存，软盘和光盘则属于外存
C．无法对写保护的磁盘进行格式化
D．没经过格式化的磁盘，不能进行快速格式化

23. 计算机的内存储器比外存储器（　　）。
A．价格便宜　　　　　B．存储容量大　　　　C．读写速度快　　　D．读写速度慢

24. 字长为 32 位的计算机是指（　　）。
A．该计算机能够处理最大数不超过 232
B．该计算机中的 CPU 可以同时处理 32 位的二进制信息
C．该计算机的内存容量为 32 MB
D．该计算机每秒所能执行的指令条数为 32 MIPS

25. 在下列设备中，（　　）不能作为微机的输出设备。
A．打印机　　　　　　B．显示器　　　　　　C．鼠标器　　　　　D．绘图仪

26. 通常所说的打开一个文件，是将该文件（　　）。
A．从磁盘调入中央处理系统
B．从内存储器调入高速缓冲存储器
C．从软盘调入硬盘
D．从外存储器调入内存储器

27. 计算机内部存取信息的基本单位是（　　）。
A．字长　　　　　　　B．字节　　　　　　C．磁道　　　　　　D．扇区

28. 中央处理器分为控制器和（　　）。
A．外存储器　　　　　B．存储器　　　　　　C．内存储器　　　　D．运算器

29. 某单位的人事档案管理系统程序属于(　　)。

　　A．工具软件　　　　　　B．应用软件　　　　　　C．系统软件　　　　　　D．表格处理软件

30. 下列设备中属于输出设备的是(　　)。

　　A．数码相机　　　　　　B．扫描仪　　　　　　　C．鼠标　　　　　　　　D．绘图仪

模块二　COMPUTER

计算机使用初步

模块简介：
　　本模块主要讲述计算机最基本的正确使用方法，讨论了计算机开机与关机、姿势和指法，以及计算机接口。

学习目标：
- 掌握计算机开机和关机的规范操作
- 掌握计算机键盘和鼠标的正确使用
- 掌握正确的指法
- 了解常用的输入法
- 掌握计算机的一般维护知识
- 了解计算机常见的接口类型，能够正确进行使用

任务一　计算机使用初步

 任务目标

　　掌握计算机的开机和关机的要点
　　掌握键盘和鼠标的正确使用
　　熟悉键盘指法

 知识讲解

一、计算机的开机与关机

　　计算机不同于普通家电，其开机和关机都有一定的讲究，要点是，首先根据不同机型，依次找到主机、显示器、打印机等外设的电源开关按钮，如图 2-1 所示，轻按一下即可开机。

图2-1　主机和显示器上的电源按钮

注意事项：

（1）为了便于被使用者发现和操作，一般电源按钮设计得比较大，而且有统一电源开关标志。

（2）开机前，应该确认微机系统设备已正确安装和连接、交流电源符合要求后，将电源线和市电插座接好，才能进行开机操作。

（3）主机通电后，微机系统进入自检和自启动过程。如果系统没有故障，计算机自动启动到操作系统桌面。

（4）开机顺序一般从外设到主机，关机顺序则与此相反：当执行了关闭计算机命令后主机自动关机，然后再关闭显示器和其他外设的电源。

二、正确使用计算机键盘和鼠标

在触摸操作尚未普及的今天，键盘和鼠标无疑仍是计算机最重要的输入设备。计算机操作一般有动作姿势单一、持续时间长的特点。长期操作计算机的人员容易造成身体某些部位（颈椎、腰椎、肩周、手臂、手掌）的劳损并导致一些顽固疾病，严重危害我们的健康。因此，养成正确的鼠标、键盘操作方法是非常有现实意义的，既可以提高工作效率，缩短工时，也维护了我们的健康。在使用计算机时，需要在坐姿、操作高度、距离、角度等各方面加以注意。

1. 保持正确的姿势

如图2-2所示，键盘应该摆在用户的正前方位置，键盘和鼠标的高度也不宜过高，在手臂自然下垂时，肘关节的高度就是键鼠摆放的高度，这样有利于减少操作电脑时对腰背、颈部肌肉和手肌腱鞘等部位的损伤。使用鼠标时，手臂不要悬空，以减轻手腕的压力，移动鼠标时不要用腕力而尽量靠臂力，减少手腕受力。不要过于用力敲打键盘及鼠标的按键，用力轻松适中为好。

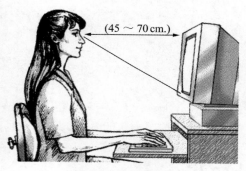

图2-2　正确的坐姿

注意如下几个方面：

（1）面向计算机坐在椅子上，全身放松，身体坐正，双手自然放在键盘上，腰部挺直，上身微微前倾。

（2）双脚的脚尖和脚跟自然垂落到地面上，无悬空，大腿自然平直，小腿与大腿之间的角度近似为90°的直角。

（3）椅子高度与计算机键盘、显示器的放置高度适中。

（4）眼睛距显示器的距离为45～70 cm。

2. 正确的鼠标握持姿势

正确的鼠标握姿如图2-3所示，操作图解，如图2-4所示。

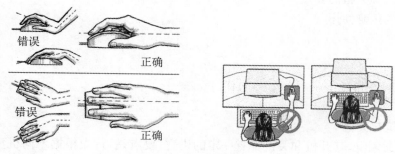

图2-3　鼠标的正确握持姿势

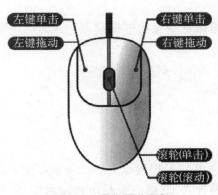

图 2-4 鼠标操作图解

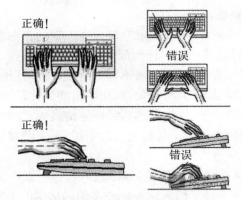

图 2-5 键盘操作姿势

3. 正确的键盘操作

正确的和错误的键盘操作如图 2-5 所示。

4. 键盘指法

(1) 认识键盘布局 典型键盘布局如图 2-6 所示,大致分为主键盘区、功能键区、控制键区、数字键区和状态指示几个部分。

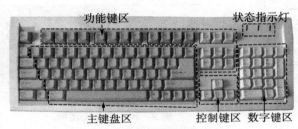

图 2-6 键盘的功能分区

图 2-7 指法分区

(2) 键盘指法分区 键盘指法分区如图 2-7 所示,初学者应严格按照指法分区的规定敲击键盘,每个手指均有各自负责的键位。

(3) 键盘指法分工 键盘第三排上的 A、S、D、F、J、K、L、;共 8 个键位为基准键位,如图 2-8 所示。其中,F、J 两个键称为定位键,这两个键上有一个突起的短横条,用左右手的两个食指可触摸这两个键以确定其他手指的键位。

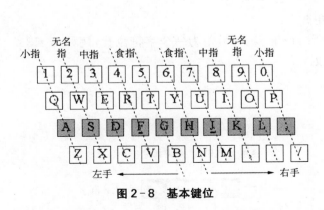

图 2-8 基本键位

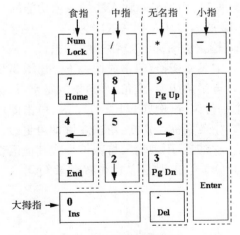

图 2-9 数字键盘指法

(4) 数字键盘指法 数字键盘位于键盘的最右边,也称小键盘。适合对大量的数字进行输入时使用。其操作简单,只用右手便可完成相应的操作。其键盘指法分工与主键盘一样,基准键为 4、5、6。其指法分工如图 2-9 所示。

击键要领：

① 手腕悬起，手指指肚轻轻放在字键的正中面上，两手拇指悬空放在空格键上。此时的手腕和手掌都不能触及键盘或机桌的任何部位。

② 眼睛看着稿件，尽量不要看键盘，身体其他部位不要接触工作台和键盘。

③ 击键迅速，节奏均匀，利用手指的弹性轻轻地击打字键。

④ 击打完毕，手指应迅速缩回原键盘规定的键位上。

⑤ 用敲击的方法轻轻地击打字键，击完即缩回。

5. 汉字输入法

（1）汉字输入法简介　汉字输入法也叫做中文输入法。其作用是把键盘上的英文字母按一定编码规则转化为汉字。汉字输入法按照转换编码法则的不同，主要有两种类型：第一类是拼音输入法，即利用汉字读音，根据声母和韵母进行编码转换为汉字的输入法。这种输入法虽然输入速度不是很快，但上手快，适合大多数有拼音基础的用户，是现在主流的汉字输入法，比较常见有搜狗拼音、紫光拼音、QQ拼音。第二类是字形输入法，即根据汉字的笔画、字形，把英文字母转化成汉字的字根，组合成汉字的一种输入法。目前，字形输入法主要有五笔输入法、笔画输入法两种。五笔输入法需要记背字根、掌握拆字原则等知识，但熟练后可以达到更高的输入速度，适用于拼音不好的老年人和专业打字员。

（2）输入法的切换

① 使用鼠标切换：单击任务右下方的输入法图标 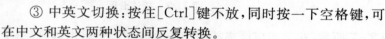→在输入法菜单中单击，选择一种输入法即可，如图2-10所示。

② 使用键盘切换：一般情况下，[Ctrl]＋[Shift]是输入法切换快捷键。其操作方法是：按住[Ctrl]键不放，同时按一下[Shfit]键，每按一下[Shfit]键，即可更改一种输入法。

注意：输入法切换键是可以自定义的，可以不采用的上面的切换快捷键，比如使用[Alt]＋[Shift]。

图2-10　输入法图标

③ 中英文切换：按住[Ctrl]键不放，同时按一下空格键，可在中文和英文两种状态间反复转换。

（3）QQ拼音输入法使用简介　拼音输入法虽然难度低，但要提高输入速度、扩展应用范围，对输入法的组成和使用技巧做一个较为全面的了解是很有必要的，下面以流行的QQ输入法为例介绍：

① 图标：每一种输入法都有一个特色图标。其位置在任务栏右侧、桌面右下角，只有启动时才会出现，QQ输入法的图标为 <img>。

② 窗口：用来显示输入法的各项功能的一个快捷小窗口，如图2-11所示。窗口里面各按钮的功能如图2-12所示。从左到右依次为：

A. 输入法图标：QQ拼音的标志。

B. 中英文切换：单击或按一下[Shift]键即可更改。

C. 全半角切换：全角、半角指的是字母、数字所占位置多少，半角为一个字符位置，例如abc123。全角为两个字符位置，例如ａｂｃ１２３，单击即可更改。

D. 中英文标点切换：单击左键即可更改。

E. 软键盘：用来输入特殊符号或其他语言。

F. QQ登录：快速从此位置登录QQ。

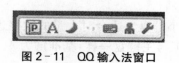

图2-11　QQ输入法窗口

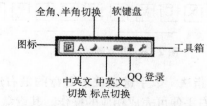

图2-12　QQ输入法窗口功能组成

G. 工具箱：用以实现一些特色附加功能，如图2-13所示。

③ 软键盘的使用：在"软键盘"按钮上单击右键，出现软键盘菜单→左键单击一种软键盘→直接单击相应符号→输入完毕后单击输入法按钮，关闭输入法菜单。

④ 输入界面：正在打字时显示，用来检索、选择文字，如图2-14所示。

⑤ QQ输入法常用技巧：

A. 用简拼提高输入速度：简拼是指输入声母或声母的首字母输入的一种方式，如输入"中华人民共和国"，可以按图2-15的方式输入。

B. 用混拼提高输入速度：QQ拼音输入法支持全拼简拼的混合输入，如输入"中国人"，可以按图2-16的方式输入。

图2-13 工具箱内容

C. 以词定字提高输入速度：先输入词语，再在其中选择单字，也可以提高速度。例如，想输入"瘫"，用"tan"输入时找到"瘫"比较费劲，而输入"tanhuan"，"瘫痪"即在首页，如图2-17所示。

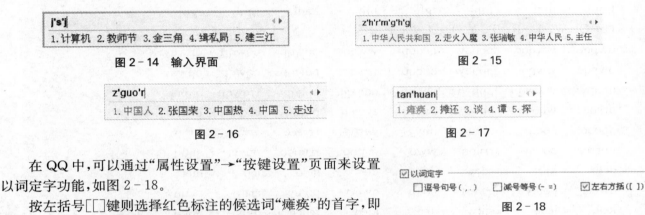

图2-14 输入界面

图2-15

图2-16

图2-17

在QQ中，可以通过"属性设置"→"按键设置"页面来设置以词定字功能，如图2-18。

按左括号[[]键则选择红色标注的候选词"瘫痪"的首字，即"瘫"；按右括号[]]键则选择红色标注的候选词"瘫痪"的尾字，即"痪"。

图2-18

D. 英文输入技巧：默认使用[Shift]键切换至英文输入状态，但是不切换输入法的情况下，QQ拼音输入法还支持回车键输入英文、V模式输入英文、输入大写字母转成输入英文状态等，这些方法都能方便快速输入英文。

E. 网址输入技巧：对于网址和邮箱地址的输入，QQ拼音输入法具有智能化的网址模式，只需要输入"www."即能转到网址模式，如图2-19所示。输完后使用空格键即可。

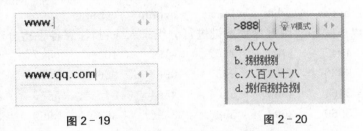

图2-19

图2-20

F. 数字转换技巧：使用V模式可快速完成数字转换。V模式操作方法：输入＞后，再输入数字即可进行简单的数字转换，如图2-20所示。日期转换与查询可以知道任何日期的农历与节日名称，如图2-21所示。金额转换可以快速在各种金额数字格式间转换，如图2-22所示。

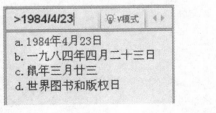

图2-21

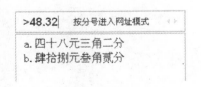

图2-22

任务实训

按规范要求开机,然后试着调整到规范的姿势和指法进行以下练习:

1. 主键区分行指法练习:按照指法规则,分别练习各行按键的指法。

(1) A、S、D、F、G、H、J、K、L、;键练习

asasa	dfdf	fffgg	hhhjj	jjkkk	kkllk	hhgg	hhhjj
glads	jakh	saggh	hsklg	ghjgf	gfdsa	ghjgf	gfdsa
gfdsa	hjkl;	gfdsa	hjkl;	gfdsa	hjkl;	fgf	hjkl;
ggfff	sss	kkkaa	llddd	jjjfff	ddhhh	aaakk	kkkaa hgkkjh	asdfg
lkjh	gfdsa	hjkl;	hjkl;	lkjh			
fjhjfg	jhgf	fghj	fgfg	hjhj	hadfs	fghfj	fghj

(2) Q、W、E、R、T、Y、U、I、O、P键练习

owpqe	wwqqo	ppoow	ooqqp	wwqqo	powqp	oowqp	opwqw
owpqe	wwqqo	ppoow	ooqqp	wwqqo	powqp	oowqp	opwqw
qpqpw	wwwqo	pppww	ppqqp	qqwqq	ppqqp	wqwqp	qqppp
otyqe	wuoqq	ppterw	oybrq	eywqq	pothq	eodqp	efwtw
ppooo	oooiii	iiiuuu	uuyy	yytttt	rrreee	wwqq	PPyy
uurree	ooww	rriioo	wwo	qqppp	rruuoo	ppyyrr	qquu
dedr	kikt	edey	ikiu	diei	deio	iep	diei
qwert	poiuy	qwert	poiuy	qwert	poiuy	ert	pouuy
keiq	iede	eikw	deik	kied	feded	jikij	ppkij
delielie	aile	drfr	yjyu	tftyy	qquju	edey	yjpup

(3) V、B、N、M、Z、X、C键练习

zzxxx	xxxccc	ccbbb	bbbnn	nnmm	mm,,,,	ccnnn
mmbb	mmvvv	cccnn	xxxnn	zzxxnn	ccc,,,	zzznn
dpzsc	szekjb	fcxeos	sxcies	hksxz	dwxcis	vaxcai
zxcvb	mnmn	zxcvb	mnmn	zxcvb	mnnm	zxcvb
zxsscx	azxzs	scsabn	czczln	mcxn	bczxd	hczrj
bvcxz	cvbnm	bvcxz	cvbn	bvcxz	cvbnm	cvbnm

2. 数字键练习:按以下顺序使用键盘数字键进行分组录入练习,注意各手指分工和节奏。

1040	4047	4047	1404	7407	4107	1044	0477	0477
0369	6936	9630	6963	9630	0963	9660	6093	3906
4565	5456	5464	4564	5464	4564	5464	5566	4664
9633	3996	3960	3693	3696	3696	3690	3969	3690

任务小结:计算机的开关机和键盘鼠标的使用都是简单而又平常的操作,为了打下良好的操作基础,最好按照标准操作规程和正确的指法进行,克服自己的不良操作习惯。

任务二　计算机的简单维护

任务目标

掌握正确使用维护计算机的要点

知识讲解

计算机简单维护要点：

(1) 系统非正常退出或意外断电后，应尽快进行硬盘扫描，及时修复错误。

(2) 注意对病毒的防御，尽量使用杀毒软件和防火墙。

(3) 长时间不使用计算机，最好将电源线、网线拔下，以防雷击等意外。

(4) 尽量保证适宜的温度和湿度，不要在高温和高湿度条件下使用计算机。条件许可时，计算机机房一定要安装空调，相对湿度应为 30%～80%。

(5) 计算机主机/显示器最好不要长时间(如 1～3 个月)不通电使用。

(6) 不可以频繁开、关计算机。两次开机时间间隔至少应为 10 秒，最好不小于 60 秒。

(7) 正在对硬盘读/写时不能关掉电源(可以根据硬盘的红灯是否发光来判断)，关机后等待约 30 秒后才可移动计算机。

(8) 不能在使用时搬动、震动计算机。

(9) 注意防尘，保持机器的密封性，保持使用环境的清洁卫生并定期除尘。

(10) 要避免强光直接照射到显示器屏幕上，而且不要靠近强磁场。

(11) 要保持显示器屏幕的洁净，擦屏幕时尽量使用干的软布。

(12) 不要将水、食物等流体弄到键盘、屏幕上。

(13) 不要用力拉鼠标线、键盘线。

(14) 合理组织磁盘的目录结构，经常备份重要数据。

(15) 定期进行磁盘整理。

任务实训

1. 结合学到的要点，请检查机房的环境设施是否规范齐全。

2. 利用螺丝刀和小刷子、橡皮擦对计算机进行除尘、清洁等维护操作。步骤：

(1) 拔掉计算机主机的电源线；

(2) 将计算机主机从桌子底部拉出一部分(特别注意观察背部各种连接线是否绷紧，如果有，先拔下该线缆再进行操作)，拔掉后部的各种连接线，然后将机器搬到开阔、光线良好的地方；

(3) 用十字螺丝刀拆掉左侧机箱侧板螺丝，然后向后拉出侧板(如果比较紧，可以用手轻拍使其松动)，将侧板置于稳定的地方；

(4) 放倒机箱；

(5) 用刷子轻刷灰尘较多的部位，然后朝这个位置用力吹气，使灰尘飘散出来；

(6) 拆掉 CPU 散热风扇，清除风扇扇叶和散热片里面的积尘，再将风扇安装回去；

(7) 注意清扫内存旁边主板上的积尘并清理干净；

(8) 按内存插槽两边的塑料片，将内存拆下来，注意手尽量不接触元件和金手指，注意观察看金手指表

面有无污垢和氧化现象,如果有,用橡皮擦轻轻擦掉,然后用刷子刷一遍,后再吹净,最后插到插槽中;

　　(9)拔掉电源与主板、硬盘等的电源线,拆掉电源与机箱的 4 颗螺丝,将电源盒取出;

　　(10)拆掉电源盒上的 4 颗小螺丝,打开电源盒,用刷子将里面的灰尘清扫干净,然后反顺序将电源盒安装回去,根据电源线接口形状,将各电源线连接好;

　　(11)将主机搬回原来位置,接好各连接线,最后再检查一遍各连接是否正确,然后通电试机,如果能够正常启动,则将侧板装上,完成机器的维护。

> **任务小结:**本节主要简介了一些计算机维护方面的知识,对于经常使用计算机的人员来说,定期进行机器的维护和检查是保证计算机稳定、正常工作的重要步骤。

任务三　了解和使用微型计算机常用接口

任务目标

了解接口的定义和作用
了解接口的分类
掌握不同接口的功能和使用

知识讲解

一、接口的定义和作用

所谓接口是指两个电路或设备之间的连接点。

微型计算机采用了模块化设计理念,即把系统按功能分解成不同用途和性能的模块,并使之接口标准化,选择不同的模块(必要时设计部分专用模块)以迅速组成适应用户不同需求的产品。为了便于实现不同设备间的数据通讯和电气连接,方便部件的组装和拆解,计算机使用了大量的接口以实现 I/O(输入和输出)连接。计算机各类部件必须通过特定的接口和计算机主板连接,配合一定的软件(驱动程序),才能发挥相应的作用。了解计算机接口类型、掌握其连接特性和要求,对于保证计算机的正常使用和提高应用能力具有重要意义。

二、微型计算机接口的类型

按照传输信号性质分,有模拟接口和数字接口。按照传输内容分,有数据接口(视频接口、音频输入输出接口)和电源接口。按照连接设备属性分,有外部接口和内部接口。外部接口用于连接各种电脑的外设,主要包括 PS/2 接口、COM 串行接口、LPT 并行接口、VGA 显示接口、DVI 显示接口、S - Video 接口、HDMI 接口、USB 接口、IEEE - 1394(Firewire/i. Link)接口、SPDIF(数字音频)接口、RJ45 接口等;内部接口则用于 PC 系统内部连接,主要包括 Serial ATA(SATA)接口、ATA(IDE)接口、CPU(中央处理器)接口、内存条接口以及 PCI、PCI - E、AGP 等各类总线接口。现在,计算机的工业设计已经日趋科学化和人性化,各种接口的连接更加可靠,使用更加方便,而且数据传输也更加高效、准确。

另外值得注意的是,为了防止混淆和连接错误,各种接口几乎都采用了“防呆设计”:不仅在色彩上加以醒目区分,而且在大小、形状、连接方向上都具有很高的可辨识度。例如,某型号计算机主板,各种接口排列规整,形状、大小、色彩各异,种类繁多,如图 2 - 23 所示。

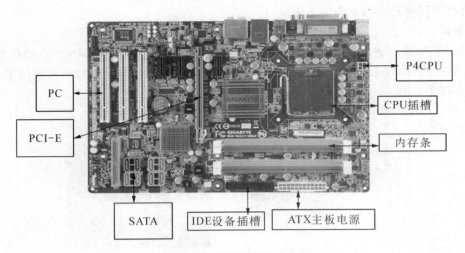

图 2-23　某型号计算机主板

三、认识微型计算机常用接口

1. USB 接口

USB 是 universal serial Bus 的简称,即通用串行总线,用于规范电脑与外部设备的连接和通讯,最大的特点在于即插即用、支持热插拔、连接设备多(理论上一个 USB 接口可以支持 127 个设备)、有供电线路,可以为移动设备提供电力;USB 的补充标准 on-the-go(OTG)更是能够使便携装置之间可以直接进行数据交换。基于这些突出的特性,USB 接口已经广泛应用于计算机、手机、平板等数据通讯和娱乐终端等各类便携装置。目前鼠标、键盘、移动硬盘、数码相机、打印机等各种外围设备都基本采用 USB 接口。USB 接口外形如图 2-24 所示。

USB2.0-TYPE A　　USB2.0-TYPE B　　USB3.0-TYPE A　　USB3.0-连接线　　mini USB

图 2-24　USB 接口外形

USB 接口目前分为 3 个标准:USB 1.1、USB 2.0、USB 3.0。USB 1.1 出现于 1998 年,最大传输速度为 12 Mbps,除了较早期的设备采用外,现在的设备上已经见不到了;USB 2.0 规范是由 USB 1.1 规范演变而来的,其传输速度达到 480 Mbps,基本能够满足一般的数据传输需求,是目前最流行的 USB 接口标准。USB 2.0 具备向下兼容的特性,即所有支持 USB 1.1 的设备都可以直接在 USB 2.0 的接口上正常使用。USB 3.0 则是最新的 USB 标准,由英特尔等大公司发起,该标准在保持与 USB 2.0 的兼容性的同时,还提供了高达 5 Gbps 最大传输速度。这意味着在传输大容量文件(如 HD 电影)时可以节约大量时间,提高效率。

USB 接口形式有 3 种:PC Type A 型,一些 USB 设备上(一般带有连接线缆)常使用 Type B,而 Mp3、相机、手机等小型数码设备上通常是 mini USB 接口。

2. PS/2 接口

PS/2 接口是 IBM 于 1987 年推出的。该接口标准主要采用 6 脚 mini-DIN 连接器,在封装上更小巧(俗称小圆口),一般只用于键盘和鼠标这两种设备。由于接口完全一致,主板上的两个 PS/2 接口一般通过颜色区分:绿色接鼠标,蓝色接键盘,如图 2-25 所示。但随着 USB 接口的流

图 2-25　PS/2 接口

行,现在各主板生产厂商已经基本淘汰了该接口。

3. S端子显示接口

S端子采用分离亮度和色度信号传输模拟视频信号,比复合视频(composite video)的画质更好。普遍应用在计算机、电视机、影碟机、投影仪等设备中。目前市场常见的S-端子型号有3种:4针、7针和9针,最常见的是4针S端子,如图2-26所示。

图 2-26　S-端子

4. VGA 显示接口

VGA(video graphics array)即视频图形阵列,是 IBM 于 1987 年提出的一个使用模拟信号的电脑显示标准。如图2-27所示,VGA接口共有15针或孔(分成3排,每排5个)。因外形像大写字母"D",因此也叫D-Sub接口。VGA接口用于连接早期的或较低端的显示设备。但出于技术和成本的原因,目前大多数计算机与外部显示设备之间仍采用VGA接口连接,计算机内部的数字图像信息先被显卡中的数字/模拟转换器转变为R、G、B三原色信号和行、场同步信号,再通过电缆传输到显示设备中,因此会不可避免地造成一些图像细节的损失。

图 2-27　VGA 接口

5. DVI 显示接口

DVI(digital visual interface),即数字视频接口。它是 1999 年由 Intel(英特尔)、Compaq(康柏)、IBM、HP(惠普)等多家公司共同组成的数字显示工作组(Digital Display Working Group,DDWG)推出的一种接口标准。

DVI 有 DVI-A、DVI-D 和 DVI-I 3 种不同的接口形式,如图 2-28 所示。DVI-D 只有数字接口,DVI-I 有数字和模拟接口,目前应用主要以 DVI-D 为主。DVI 作为一种国际开放的接口标准,在 PC、DVD、高清晰电视(HDTV)、高清晰投影仪等设备上有广泛的应用。

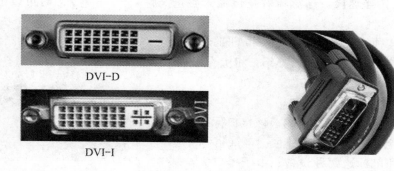

图 2-28　DVI 显示接口

6. HDMI 接口

HDMI(high definition multimedia interface)，即高清晰度多媒体接口。它是一种数字化视频/音频接口技术，与 DVI 相比 HDMI 接口的体积更小，可同时传送音频和影音信号，支持即插即用，最高数据传输速度达 5 Gbps。由于在信号传送前无需进行数/模或者模/数转换，因此 HDMI 可以最真实还原画面。另外，HDMI 还具备宽带数字内容保护(HDCP)，可以防止盗版。目前，包括计算机、机顶盒、电视机等在内的许多设备上均已配备 HDMI 接口，如图 2-29 所示。

图 2-29　HDMI 接口

7. ATA 接口

ATA(advanced technology attachment)，即高级技术附加装置，也称作 IDE 接口，主要用于连接硬盘和光驱，如图 2-30 所示。ATA 接口最早由康柏、西部数据等几家公司共同开发，在 20 世纪 90 年代初开始应用于台式机系统。它使用 40 芯电缆与主板连接，最初的版本只能支持两个硬盘，最大容量也被限制在 504 MB 之内。

ATA 接口从诞生至今，共推出过 7 个不同的版本，分别是 ATA-1(IDE)、ATA-2(EIDEEnhanced IDE/Fast ATA)、ATA-3(FastATA-2)、ATA-4(ATA33)、ATA-5(ATA66)、ATA-6(ATA100)、ATA-7(ATA 133)。ATA133 接口支持 133 MB/s 数据传输速度。在 ATA 接口发展到 ATA100 的时候，这种并行接口的电缆属性、连接器和信号协议都表现出了很大的技术瓶颈，而在技术上突破这些瓶颈存在相当大的难度，新型的硬盘接口标准的产生也就在所难免。

图 2-30　ATA 接口

8. SATA 接口

SATA 是 Serial ATA 的缩写，即串行 ATA，由于采用串行方式传输数据而得名，如图 2-31 所示。SATA 接口不但传输速度快，而且具备了更强的纠错能力，在很大程度上提高了数据传输的可靠性。另外 SATA 接口还具有结构简单、支持热插拔等诸多优点。因此大有取代 ATA 接口的态势，有很多主板已经取消了对 ATA 接口的支持，只提供 SATA 接口。SATA 接口标准目前有 3 种：Serial ATA 1.0、Serial ATA 2.0、Serial ATA 3.0。Serial ATA 1.0 定义的数据传输率为 150 MB/s，Serial ATA 2.0 的数据传输率为 300 MB/s，最新的 Serial ATA 3.0 标准则能达到 600 MB/s 的最高数据传输率。

9. RJ45 网卡接口

RJ 是 registered jack 的简称，即已注册的插孔，来源于贝尔系统的 USOC。RJ45 为 8 针连接器件，通常用于数据传输，最常见的应用为网卡接口，如图 2-32 所示。

图 2-31 SATA 接口

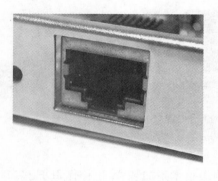

图 2-32 RJ45 接口

10. 音频输入输出接口

现在的计算机都已具备多媒体处理能力,因此音频信号的输入输出接口必不可少。由于音频信号本身种类多,因此输入输出接口也可能比较复杂,一般的计算机音频接口都采用了模拟 3.5 毫米接口。有部分机器可能还带有 RCA/coax 同轴数字接口或者 TOSLINK 光纤数字接口,如图 2-33 所示。这两种统称为 SPDIF(数字音频)。但这种接口虽然理论上音质更能得到保证,但实际运用的场合很少。真正使用最多的是麦克风和耳机接口。麦克风输入和耳机输出在各种计算机上属于标准配备插孔,其符号和颜色标示也是统一的,使用时注意区分颜色:麦克风输入为粉色插孔,耳机输出为绿色插孔,如图 2-34 所示正面接口图。

图 2-33 TOSLINK 光纤数字接口　　　　　　图 2-34 麦克风和耳机接口

任务实训

1. 观察计算机的接口的分布和特征
2. 在关机状态下,拔掉各部件连接线,然后重新装上。

任务小结:计算机的接口是我们要经常用到的,了解和认识这些接口非常有必要。

综合实训

汉子录入练习:利用计算机中安装的金山打字通软件进行各项综合打字练习和检测。

思考与练习

一、思考题

1. 你能分辨 USB 2.0 和 USB 3.0 接口吗?

2. USB 的 3 种接口的样子你能分辨吗?

二、选择题

1. 主键盘区除包括字母键、标点符号键、控制键外,还包括(　　)。

　　A．功能键　　　　　　　B．数字键　　　　　　C．打印屏幕键　　　　D．暂停键

2. 输入"＄"时,应(　　),同时用左手食指微向左上方弹击"＄"键,击毕立即回位。

　　A．右手小指按[Shift]键　　　　　　　　　B．左手小指按[Shift]键

　　C．右手无名指按[Shift]键　　　　　　　　D．左手无名指按[Shift]键

模块三

COMPUTER

Windows XP 操作系统

模块简介：

  本模块主要涉及操作系统的基本概念和发展历程概述，并着重介绍了微软 Windows XP 的使用方法。主要包括文件和文件夹介绍、资源管理器使用、简单利用控制面板对系统进行设置、磁盘管理、附件程序的使用等。

学习目标

- 了解 Windows XP 操作系统的特点和作用
- 掌握 Windows XP 的窗口、对话框、菜单的组成和操作
- 掌握文件和文件夹的概念，知道文件的命名规则
- 掌握利用资源管理器对文件和文件夹操作的方法
- 了解控制面板操作对系统的影响
- 知道磁盘维护的一般步骤
- 了解计算器、写字板、画图等附件小程序的使用

任务一　Windows XP 概述

　任务目标

　了解操作系统的概念
　了解操作系统的发展史，知道各种操作系统的特点
　了解 Windows XP 的特点

知识讲解

一、操作系统的概念

操作系统是一个大型的程序系统,负责计算机的全部软、硬件资源的分配、调度工作,控制并协调其他活动,实现信息的存取和保护。它提供用户接口,是连接用户与其他应用程序的平台,使用户获得良好的工作环境,也使整个计算机系统实现了高效率和高度自动化。

二、操作系统的发展史

美国微软公司(Microsoft)早期开发了一种单用户操作系统 MS-DOS,凭借 1987 年发布的成熟可靠的 MS-DOS3.3,微软逐渐取得个人操作系统的霸主地位。但随着社会的发展,单用户操作系统已经远远不能满足用户的要求,各种新型的现代操作系统犹如雨后春笋一样出现了。这是计算机操作系统发展的第二个阶段,它是以多用户多任务和分时为特征的系统,典型代表有 UNIX、Windows、Linux、OS/2 等操作系统,影响力最大的是微软公司的 Windows。Windows 是一种"视窗"操作系统,采用图形用户操作界面,结合鼠标操作。

Windows 具有很多版本,现在普遍使用的、具有代表性的主要是 Windows XP、Windows 7、Windows 8 等几个版本。其中,推出于 2001 年的 Windows XP 具有相对较低的硬件要求和良好的软件兼容性等优点,目前市场占有率依然很高。

三、Windows XP 的主要特点

Windows XP 特点包括:

(1)图形化界面(操作简单,易学易用) Windows XP 采用了名为"Luna(月神)"的用户图形界面,界面友好,操作方便。

(2)支持多用户、多任务

(3)良好的网络支持

(4)出色的多媒体功能 Windows XP 集成了 Windows Media Player 和 Windows Movie Maker 等媒体播放和剪辑软件,提升了多媒体处理功能。

(5)良好的硬件支持(即插即用)

(6)丰富的应用程序 由于 Windows XP 推出时间长,基于该平台开发的软件数量庞大,异常丰富。

(7)支持长文件名 Windows XP 的文件夹名或文件名支持最多 255 个字符,突破了以往 FAT 文件系统的 8.3 文件名标准长(句点前最多有 8 个字符,而扩展名最多可以有 3 个字符),使用更加方便。

(8)稳定性和易用性强

 任务实训

1. 查询一下你使用的计算机的操作系统,其名称是(   ),版本号是(   )。

2. 总结这种操作系统的特点。

> **任务小结**:本节简介了操作系统的作用、类型和特点,特别是对 Windows 操作系统的特点要比较了解。

任务二 Windows XP 基本操作

任务目标

掌握 Windows XP 的启动、关闭、登录和注销方法

了解 Windows XP 中桌面、开始菜单的构成要素

掌握 Windows XP 的窗口、对话框、菜单的组成及操作

掌握文件和文件夹的概念及使用规则

知识讲解

一、Windows XP 的启动、关闭、登录和注销

1. Windows XP 的启动

(1) 打开计算机电源。

(2) 计算机系统自动执行硬件检测，检测无误后开始系统引导，显示 Windows XP 用户图标。

(3) 选择相应用户后计算机自动进入 Windows XP 桌面。

2. Windows XP 的关闭

(1) 先关闭所有的应用程序，然后单击【开始】按钮。

(2) 在"关闭计算机"对话框中，选择【关闭】。

【知识拓展】 养成正确退出(关闭)Windows XP 操作的习惯

(1) Windows XP 的多任务、多用户特性，使得它在前台运行某一个程序的同时，可能在后台还在运行其他程序。如果直接关闭计算机电源，就有可能把后台程序的数据和运行结果丢失，严重时还有可能造成系统损坏。

(2) Windows XP 在运行时需要占用大量的磁盘空间以保存临时文件信息，这些在专用子目录下的临时文件在标准退出时将会被删除，以免浪费资源。非正常退出将使 Windows XP 来不及处理这些保存临时信息的工作，也有可能造成文件损坏。

3. 用户账户登录与注销

Windows XP 允许用户设立自己的账户。当多人共享一台计算机时，可以防止其他人更改计算机设置或者使用文档。当登录到自己的账户后，可以实现：

(1) 定义自己风格的桌面外观。

(2) 拥有属于自己的网页收藏夹。

(3) 保护重要的计算机设置。

(4) 拥有自己的"我的文档"文件夹，可以使用密码保护私有的文件。

(5) 在用户之间快速切换，而不需要关闭用户程序，登录速度更快。

如果用户要从当前账号退出，再从另外一个账号进入计算机系统，可直接将当前用户注销，再从另外一个账号进入。具体操作如下：选择"开始"→"注销"命令，弹出"注销 Windows"对话框，如图 3-1 所示。

图 3-1 注销对话框

在该对话框中单击【注销】按钮,打开登录界面,在该界面中单击要登录用户的名称,即可使用另一个用户名登录到 Windows XP 中,以供其他用户使用计算机。

Windows XP 中有两种用户账户类型:计算机管理员账户和受限账户。计算机管理员账户可对计算机所有设置进行更改;而受限账户只能对计算机某些设置进行更改。

二、Windows XP 的桌面组成

如图 3-2 所示,当 Windows XP 成功启动后,就进入到桌面环境。桌面由桌面背景、快捷图标、任务栏、开始按钮等部分组成。中文 Windows XP 的桌面背景是指显示屏幕上主体部分显示的图像,它的作用是为了美化屏幕;快捷图标是指由图形和文字组成的图标,这些图标代表了某个工具、程序或文件等。默认设置下,桌面上只有一个回收站图标,其他的图标都是通过设置或者应用程序安装产生的。

图 3-2 桌面

图 3-3 开始菜单

三、Windows XP 开始菜单的使用

单击任务栏中的【开始】按钮,即可打开"开始"菜单,如图 3-3 所示。

"开始"菜单由 6 个部分组成,分别为用户名称栏、历史记录栏、应用程序栏、系统文件夹栏、系统设置栏和系统运行栏。其功能分别为:

(1)用户名称栏　显示当前用户的名称。

(2)历史记录栏　显示最近使用过的应用程序。

(3)应用程序栏　显示计算机中所有的应用程序。

(4)系统文件夹栏　显示系统文件夹,如"我的电脑"、"我的文档"等。

(5)系统设置栏　显示可以设置的系统程序。

(6)系统运行栏　显示 3 个系统程序的快捷方式。

四、Windows XP 的窗口

Windows XP 中的所有应用程序都以窗口的形式出现,因此,掌握 Windows XP 窗口的基本操作极其重要。

1. 窗口的基本组成

窗口是中文 Windows XP 系统中最重要的概念之一,在"开始"菜单中选择任意一个命令,即可打开其对应的工作窗口,如图 3-4 所示为"控制面板"窗口。可以看出,窗口由以下元素组成:

(1)标题栏　位于窗口的最上方,显示窗口名称。

(2)控制按钮　位于标题栏右方,包括 3 个按钮:"最小化"按钮、"最大化"按钮("还原"按钮)和"关闭"按钮,用于控制窗口的大小变化。

标题栏
菜单栏
地址栏
任务窗格

控制按钮组
工具栏
对象窗格

图 3-4　"控制面板"窗口

（3）菜单栏　位于标题栏的下方,显示窗口中的菜单。每个菜单都有下拉式菜单,每个下拉式菜单中都包含相应的操作命令。

（4）工具栏　位于菜单栏下方,工具栏中包括一些常用的工具按钮,如"后退"、"搜索"等工具按钮。

（5）地址栏　位于工具栏的下方,在地址栏中输入文件夹路径,单击"转到"按钮,即可打开该文件夹。

（6）任务窗格　是 Windows XP 新增的选项,该窗格中显示当前文件夹窗口或所选文件和文件夹相关的常见任务,并可显示所选对象的详细信息。

（7）对象窗格　是窗口的主体对象,显示窗口中的内容。

2. 窗口的基本操作

当用户打开一个文件或应用程序时,都会出现一个窗口,窗口是用户进行操作时的重要组成部分,熟练地对窗口进行操作,会提高用户的工作效率。

（1）打开窗口　当用户要打开一个窗口时,可以通过以下两种方式来实现:

① 选中要打开的窗口图标,双击。

② 在选中的窗口图标上单击鼠标右键,在弹出的快捷菜单中选择"打开"命令。

（2）移动窗口　当用户打开窗口后,不仅可以通过鼠标来移动窗口,还可以通过鼠标和键盘的配合来完成。移动窗口时,只需在窗口的标题中单击鼠标左键并拖动,移到合适位置后松开鼠标即可。

要精确地移动窗口,可在标题中单击鼠标右键,在弹出的快捷菜单中选择"移动"命令,此时,屏幕中将出现图标,这时按键盘上的方向键,将窗口移到合适的位置按回车键即可。

（3）滚动窗口　当窗口的内容太多且一屏显示不出来时,窗口的下方及右侧会出现水平滚动条和垂直滚动条,如图 3-5 所示,用户可使用这两个滚动条滚动窗口以查看窗口中的内容,其具体操作如下:

① 单击并拖动滚动条,可沿水平或垂直方向滚动窗口。

② 单击滚动条两侧的滚动按钮,可逐行或逐列显示没有在窗口中显示出来的内容。

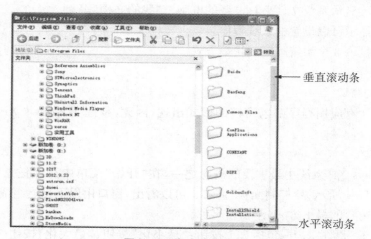

垂直滚动条
水平滚动条

图 3-5　窗口及滚动条

（4）改变窗口的大小　用户可以任意改变 Windows XP 中窗口的大小，以同时查看多个窗口或进行其他操作。改变窗口大小的具体操作如下：单击窗口中的"最小化"按钮，可使窗口最小化，以图标的形式排列在任务栏中的任务区中；单击"最大化"按钮，可使窗口最大化并填满整个显示屏幕；当窗口最大化时，"最大化"按钮将会变成"还原"按钮，单击该按钮，可将窗口还原到原始大小。

将鼠标指针指向窗口的边框附近，当鼠标指针变成双向箭头时，单击并拖动鼠标，即可改变窗口的大小。

注意：用鼠标拖动改变窗口的前提是窗口没有显示在最大化状态下，而处于原始大小状态。

（5）多窗口操作　Windows XP 允许用户同时打开多个窗口进行操作。当用户在多个窗口之间进行切换时，可使用以下 3 种方法进行切换：

① 可见窗口之间的切换。将鼠标指针指向想要切换窗口的任意位置，单击鼠标左键即可完成切换。

② 用任务栏进行切换。将鼠标指针指向任务栏中想要操作的窗口名称的按钮上，单击鼠标左键即可切换到该窗口中。

③ 用地址栏进行切换。单击地址栏右侧的下拉按钮，在弹出的下拉菜单中选择任意一个选项，即可打开并切换到该窗口中。

五、对话框的基本操作

对话框在中文 Windows XP 中占有重要的地位，是用户与计算机系统之间进行信息交流的窗口，在对话框中用户可以通过选择适当的选项，对系统进行对象属性的修改或设置。

1. 对话框的组成

当用户选择某个命令选项时，即可弹出其对应的对话框。对话框由标题栏、选项卡、文本框、列表框、命令按钮、单选按钮和复选框等部分组成，如图 3-6 所示。

图 3-6　对话框

（1）标题栏　标题栏位于对话框的最上方，左侧显示了该对话框的名称，右侧是"帮助"按钮和"关闭"按钮。

（2）选项卡　大多数对话框都有多个选项卡标签，标签上标明了选项卡的标题，以便用户进行区别和选择。用户可通过在各个标签之间切换以查看其中的内容，通常不同的选项卡中的内容不同。图 3-6 中的对话框就包括"主题"、"桌面"、"屏幕保护程序"、"外观"和"设置"几个选项卡。

（3）文本框　当用户需要输入某些内容，或对某些内容进行修改时，可在文本框中进行这些操作。文本框右侧通常会带有下拉按钮，单击该按钮可弹出其下拉列表，用户可在该列表中选择选项或直接在文本框中进行输入。

（4）列表框　有些对话框中提供了多个选项，用户可直接从中选择需要的选项，但通常不能进行修改，提供这些选项的区域就称为列表框。

（5）命令按钮　指对话框中形状为圆角矩形并带有文字的按钮，常用的有【确定】、【取消】等。

（6）单选按钮　通常是一个小圆形，其后面有相关的说明文字。当用户选中单选按钮时，圆形中会出现一个绿色的小圆点，表明该单选按钮已处于选中状态。

（7）复选框　它通常是一个小方形，在其后面也有说明文字。用户选中后，正方形中间会出现一个绿色的"√"标志，标明该复选框已处于选中状态。对话框中的某个选项区中通常有多个复选框，用户可根据需要，同时选中多个复选框。

2. 移动和关闭对话框

对话框的移动操作与窗口的操作相同，用户可按照前面介绍的方法移动对话框。如果要关闭对话框，可使用以下两种方法：

（1）单击对话框中的【确定】按钮，可在关闭对话框的同时保存用户在对话框中所做的修改。

（2）如果用户要取消所做的修改，可单击【取消】按钮，或按［Esc］键退出对话框。

3. 切换选项卡及选项区

有的对话框中包含多个选项卡,每个选项卡中又有不同的选项区,如果要在它们之间切换,可使用以下4种方法进行:

(1) 先选择一个选项卡,该选项卡上会出现一个虚线框,按键盘上的方向键移动虚线框的位置,即可在不同的选项卡间进行切换。

(2) 按[Ctrl]+[Tab]组合键可在对话框中从左到右切换各个选项卡,按[Ctrl]+[Tab]+[Shift]组合键,则可以反方向切换。

(3) 按[Tab]键,可在某个选项卡中不同的选项区间按照从左到右或从上到下的顺序进行切换;按[Shift]+[Tab]组合键,可以反方向切换。

(4) 按键盘上的方向键,可在某个选项卡中的不同选区之间进行切换。

六、菜单

菜单是命令的集合,Windows XP 窗口的菜单栏中包含了多个命令菜单,如果用户想要执行某个操作,只要选择相应的命令即可。

1. 常见的菜单类型

Windows XP 中常见的菜单有以下 3 种类型:

(1) 下拉式菜单　通常情况下,在窗口的菜单栏中出现的菜单都是下拉式菜单。单击菜单栏中的某个菜单,即可打开该菜单,下拉式菜单通常包含该菜单中所有命令的集合,如图 3-7 所示。

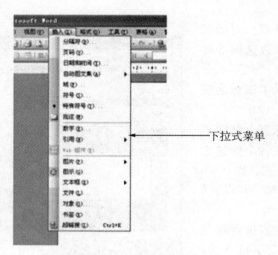

下拉式菜单

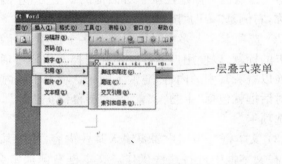

层叠式菜单

图 3-7　下拉式菜单

图 3-8　层叠式菜单

快捷菜单

图 3-9　快捷菜单

(2) 层叠式菜单　如果某个菜单的右端有一个向右的箭头,则表示该菜单选项本身也是一个菜单,它可以带有若干个选项,这就是所谓的层叠式菜单,如图 3-8 所示。

(3) 快捷菜单　当用户在窗口、对话框、桌面上单击鼠标右键时,通常会弹出一个菜单,该菜单中包含相应的菜单命令,该菜单就称为快捷菜单。单击不同的对象,弹出的快捷菜单也不同,包含的命令也不同,如图 3-9 所示。

2. 常见的菜单约定

菜单中的菜单选项各不相同,它们分别代表不同的含意。

(1) 菜单右端带有右箭头的菜单命令　这种菜单称为层叠式菜单,表示该菜单还有下一级菜单,有时也将其下一级菜单称为子菜单。

(2) 菜单右端带有省略号的菜单命令　选择并执行这些菜单命令时,通常会弹出一个对话框,要求用户进行一些必要的设置,然后再执行用户指定的操作。

(3) 菜单后带有组合键的菜单命令　带有组合键的菜单命令表示用户可以直接使用这些组合键执行该命令。

（4）呈灰色显示的菜单命令　在 Windows XP 中，正常的菜单命令文字呈黑色显示，表示用户可以执行该命令。当菜单命令以灰色显示时，表示用户目前不能使用该命令。

（5）菜单命令中的选中标记　在某些菜单命令的左侧，经常会出现对钩标记或圆点标记，这表示该命令当前处于激活状态。

（6）菜单命令的分组　在同一个下拉式菜单中，有时菜单命令之间会出现分隔线，将众多的菜单命令分隔成若干个小组。分在同一组中的菜单命令功能相似或具有某种共同的特征。

七、文件、文件夹

保存在计算机磁盘上的一组相关数据称为文件。在计算机中，任何信息都是以文件的形式存储的，文件可以是文本、图片、声音、程序等。

每一个文件都有一个文件名。文件名由基本名和扩展名构成，它们之间用英文句号"."隔开。例如文件"bk.jpg"的基本名是"bk"，扩展名是"jpg"，文件"幼儿园小班科学教案.doc"的基本名是"幼儿园小班科学教案"，扩展名是"doc"。扩展名一般代表了文件的类型，常见文件的扩展名及代表的类型见表 3-1。

表 3-1　扩展名及类型

扩展名	文件类型	扩展名	文件类型
txt	文本文件	ZIP、RAR	压缩文件
doc、docx	Word 文档	exe	可执行文件
xls、xlsx	Excel 电子表格文件	JPG、GIF、bmp	图形、图像文件
ppt、pptx	幻灯片文件	MP3、wav	声音文件
SWF、FLA	Flash 动画及其源文件	rmvb、mpg、AVI、flv	视频文件

注意：文件可以只有基本名，没有扩展名；但不能只有扩展名，而没有基本名。

在 Windows 系统中，文件名有一套命名规则：文件的基本名由不超过 255 个字符组成，这些字符可以是英文字母、汉字、数字等，但不能使用\、/、:、*、?、"、<、>、|等字符，因为这些字符在计算机中有特殊的用途。

注意："*"和"?"在 Windows 操作系统中代表通配符，"*"表示若干个字符；"?"表示一个字符。合理运用通配符可以在文件搜索时大大提高效率。比如，在搜索时，如果输入搜索文件名"*.jpg"，则代表搜索扩展名为 jpg 的所有文件。

计算机中往往存放有大量的文件，因此在计算机中使用了文件夹（也叫目录）对文件进行分类管理。文件夹是磁盘中用于存放文件和其他文件夹的存储单位。一个文件夹既可以包含文件也可以包含其他文件夹，包含另一个文件夹的文件夹称为父文件夹，父文件夹中的文件夹称为子文件夹。Windows XP 采用了树形目录结构，某一文件在计算机的具体位置可以用磁盘盘符和文件夹表示，称为路径，如图 3-10 所示，在资源管理器中的地址里显示的就是文件或文件夹的路径。

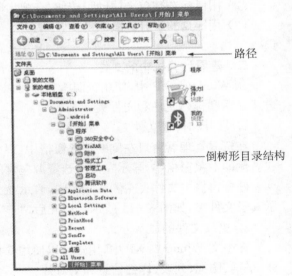

图 3-10　目录结构

 任务实训

1. 启动 Windows XP 系统，打开窗口、对话框，观察菜单的结构。
2. 分别对窗口、对话框，菜单进行基本操作。

任务小结：本节涉及操作系统最重要、最基本的一些概念和操作，不能忽视，一定要掌握好。

任务三　Windows XP 的资源管理

 任务目标

掌握启动资源管理器的方法
掌握利用资源管理器查看文件和文件夹
掌握利用资源管理器对文件和文件夹进行操作
掌握使用"我的电脑"
掌握"回收站"的操作

 知识讲解

在中文 Windows XP 中，Windows 资源管理器主要负责管理硬盘、软盘及光盘中的所有文件夹和文件。使用资源管理器，可以使系统文件资源的管理变得非常简单。

一、打开资源管理器

打开资源管理器的途径很多，一般采用以下几种：

（1）选择【开始】→"所有程序"→"附件"→"Windows 资源管理器"命令来打开。

（2）用鼠标右键单击【开始】按钮，在弹出的快捷菜单中选择"资源管理器"命令来打开。

（3）用键盘的组合键徽标键＋[E]打开。

二、查看计算机中的文件

在 Windows XP 中，使用资源管理器可以很方便地浏览、访问计算机中的文件和文件夹，还可以用多种方式显示和排列文件和文件夹。

1. 展开和折叠文件夹

在资源管理器窗口左侧的任务窗格中，以树状结构的目录形式列出计算机中可以使用和管理的资源，在右侧的对象窗格中，显示左侧所选资源包含的下一级资源。

任务窗格中文件夹左侧有"＋"的，表示该文件夹包含下一层子文件夹，单击"＋"即可展开该文件夹，显示其子文件夹，如图 3－11 所示。展开后，"＋"即变成"－"，单击"－"即可折叠子文件夹。

2. 更改文件的显示方式

在中文 Windows XP 中，用户可以使用 6 种不同的方式查看文件夹中的内容。这 6 种方式分别为缩略图、平铺、图标、列表、详细信息和幻灯片。

（1）缩略图　在资源管理器窗口中选择"查看"→"缩略图"命令，即可使窗口中的内容以缩略图的形式显示，如图 3－12 所示。该方式主要用于查看图片的内容。

（2）平铺　选择"查看"→"平铺"命令，即可使窗口中的内容以系统默认的平铺方式显示。该方式以多行显示直观的大图标及文件和文件夹名称，如图 3－13 所示。

（3）图标　选择"查看"→"图标"命令，可在窗口中以多行显示文件和文件夹的名称及小图标，如图 3－14 所示。

图 3-11　文件夹的展开

图 3-12　缩略图显示方式

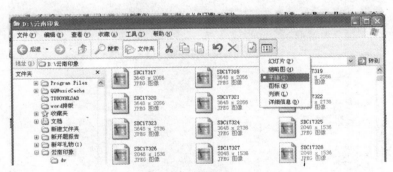

图 3-13　平铺显示方式

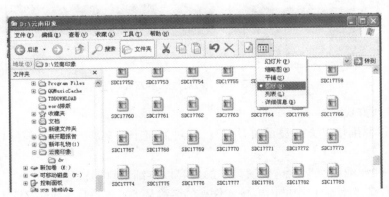

图 3-14　图标显示方式

（4）列表　选择"查看"→"列表"命令,可在窗口中以多列显示文件和文件夹的名称及小图标,可以显示出最多的文件和文件夹内容,如图3-15所示。

图3-15　列表显示方式

（5）详细信息　选择"查看"→"详细信息"命令,可在窗口中以单列显示小图标以及文件和文件夹的名称、大小、类型和修改日期等详细信息,如图3-16所示。

图3-16　详细信息显示方式

（6）幻灯片　选择"查看"→"幻灯片"命令,可在窗口中以幻灯片的形式查看图片文件,如图3-17所示。

图3-17　幻灯片显示方式

3. 更改文件的排列方式

当窗口中的内容以详细信息方式显示时,用户可通过窗口中的标签,改变当前窗口中内容的排列顺序,具体操作如下:

（1）选择"查看"→"详细信息"命令,使窗口中的内容以详细信息形式显示。

（2）单击"名称"标签,可使窗口中的内容按文件夹的名称从 A～Z 的升序或从 Z～A 的降序方式排列。

（3）单击"大小"标签,可使窗口中的内容按文件夹的大小升序或降序排列。

（4）单击"类型"标签，可使窗口中的内容按类型升序或降序排列。

（5）单击"修改日期"标签，可使窗口中的内容按修改日期升序或降序排列。

三、文件和文件夹的基本操作

在使用计算机的过程中，经常需要进行新建、重命名、选中、移动、复制、删除、搜索文件和文件夹的操作，因此，学习和掌握这些操作非常重要。

1. 新建文件夹

用户可根据需要，创建任意多个文件夹来存放文件，其具体操作如下：

（1）在 Windows XP 桌面或文件夹窗口的空白区域单击鼠标右键，从弹出的快捷菜单中选择"新建"→"文件夹"命令，即可新建一个文件夹，且该文件夹的名称处于可编辑状态。

（2）输入文件夹名称，按回车键即可完成一个新文件夹的创建。

2. 重命名文件或文件夹

如果对文件或文件夹的名称不满意，可按照以下操作步骤进行修改：

（1）用鼠标右键单击要重命名的文件或文件夹，在弹出的快捷菜单中选择"重命名"命令，即可进入文件夹名称编辑状态，如图 3-18 和图 3-19 所示。

图 3-18　文件的重命名 1　　　　　　　　　　图 3-19　文件的重命名 2

（2）在编辑框中输入新的名称，按回车键即可更改原文件的名称，如图 3-20 所示。

图 3-20

3. 选中、移动、复制文件或文件夹

在对文件夹进行移动、复制等操作之前，必须先选中文件或文件夹。在 Windows XP 中，用户可以使用以下 4 种方法选中文件或文件夹：

（1）单击待选中的文件或文件夹，可选中一个文件或文件夹。

（2）按住[Ctrl]键的同时单击待选中的文件或文件夹，可同时选中多个不连续的文件或文件夹。

（3）单击一个文件或文件夹后，按住[Shift]键的同时再单击另外一个文件或文件夹，可选中这两个文件或文件夹之间的所有文件或文件夹。

（4）按［Ctrl］＋［A］键，可选中当前文件夹中的所有文件或工作窗口中的所有内容。

选中文件或文件夹后，可按照以下 3 种方法移动文件或文件夹：

（1）选中文件或文件夹后，直接拖到目标位置即可移动文件或文件夹。

（2）选中文件或文件夹后，按［Ctrl］＋［X］键将其剪切至剪贴板中，打开目标文件夹窗口，按［Ctrl］＋［V］键将其粘贴到目标位置即可。

（3）选中文件或文件夹后，选择文件夹窗口中任务窗格中的"移动这个文件夹"选项，在弹出的"移动项目"对话框中选择目标文件夹后单击"移动"按钮即可。

如果要为重要的文件或文件夹创建备份文件，可通过复制文件或文件夹来实现。用户可以使用以下 4 种方法复制文件或文件夹：

（1）选中文件或文件夹后，按［Ctrl］＋［C］键，然后打开目标文件夹窗口，按［Ctrl］＋［V］键即可粘贴复制的文件或文件夹。

（2）按住［Ctrl］键的同时，拖动选中的文件或文件夹至目标位置即可完成文件或文件夹的复制。

（3）用鼠标右键单击文件或文件夹，在弹出的快捷菜单中选择"复制"命令，切换到目标窗口，在窗口的空白处单击鼠标右键，在弹出的快捷菜单中选择"粘贴"命令即可。

（4）在工作窗口的任务窗格中选择"复制这个文件夹"选项，在弹出的"复制项目"对话框中选择要复制的目标文件夹后单击"复制"按钮即可。

4．删除文件或文件夹

在使用计算机的过程中，经常会产生一些临时文件或垃圾文件，用户应及时将这些文件删除，以释放硬盘空间。用户可以使用以下 5 种方法删除文件或文件夹：

（1）选中文件或文件夹后按［Delete］键。

（2）用鼠标右键单击文件或文件夹，在弹出的快捷菜单中选择"删除"命令。

（3）选中文件或文件夹后选择"文件"→"删除"命令。

（4）直接将选中的文件或文件夹拖到回收站中。

（5）选中文件或文件夹后在任务窗格中选择"删除这个文件夹"选项。

5．搜索文件或文件夹

如果用户不知道文件或文件夹的存放位置，可使用 Windows XP 提供的搜索功能来搜索需要查找的文件或文件夹，具体操作如下：

（1）在文件夹窗口中的工具栏中单击【搜索】按钮，打开搜索任务窗格，如图 3－21 所示。

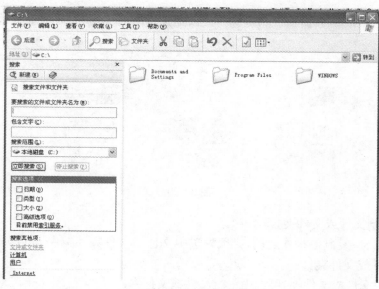

图 3－21　搜索任务窗格

（2）在"全部或部分文件名"下面的文本框中输入要查找文件的名称，单击【搜索】按钮，即可开始进行搜索。

（3）搜索完成后，系统会将搜索到的项目显示在对象窗格中，并在搜索任务窗格中提示用户搜索已经完成。选择"是的,已完成搜索"选项,即可结束搜索。

四、使用"我的电脑"

使用"我的电脑",可以有效地管理计算机中的所有文档,在桌面上双击"我的电脑"快捷图标,即可打开"我的电脑"窗口,如图 3-22 所示。

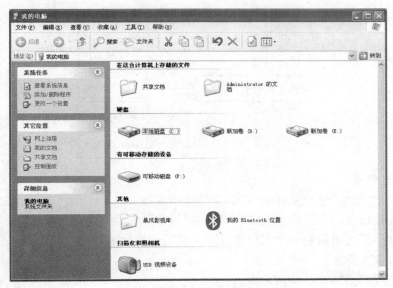

图 3-22 "我的电脑"窗口

在"我的电脑"窗口中的任务窗格中,在系统任务选项区中可以设置系统的任务,如查看系统信息、添加/删除程序等;在其他位置选项区中单击某个选项可快速打开该选项对应的窗口;在详细信息选项区中会显示当前选中磁盘的类型、可用空间和大小等信息。

在"我的电脑"窗口中可以看到计算机中的所有磁盘驱动器,用鼠标双击某个磁盘驱动器,即可打开该驱动器,以查看其中的文件及文件夹。

五、使用"回收站"

"回收站"中存放的是用户曾删除的文件或文件夹,如果需要再次使用这些文件或文件夹,还可以从回收站中将它们恢复。因此,回收站中的文件或文件夹并没有完全从磁盘中删除,只有将回收站中的文件或文件夹删除时,才能永久性地删除文件或文件夹。

在桌面上双击"回收站"图标,即可打开"回收站"窗口,如图 3-23 所示。

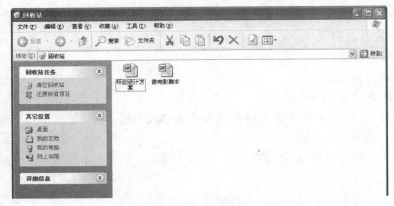

图 3-23 回收站窗口

选中要还原的项目,选择"还原选定的项目"选项,即可将其还原到原来的存放位置;选中要删除的项目,按[Delete]键即可将其永久性从计算机中删除;选择"清空回收站"选项,即可将回收站中的项目全部删除。

任务实训

1. 文件夹的创建

请在"D:"下创建如下结构的文件夹和文件。

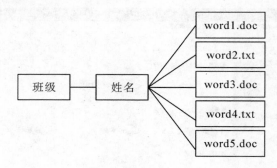

2. 重命名文件和文件夹

（1）用双击的方法把"班级"这个文件夹改成"文件操作练习"。

（2）用右击的方法把以自己名字命名的文件夹改为"排版"。

（3）在"文件操作练习"下再新建一个文件夹，用"文件"→"重命名"改为"打字"。

3. 复制、移动文件及文件夹

（4）用"复制"→"粘贴"把"排版"移到桌面上。

（5）用"剪切"→"粘贴"把"文件操作练习"移到桌面上。

（6）用拖动的方法把"打字"文件移到桌面上。

（7）把 word1、word3、word5 复制到桌面上（按住［Ctrl］，选中时）。

（8）把 word1、word2、word3 复制到"打字"文件夹下（选中时，按住［shift］）。

（9）用鼠标在文件的外围单击并拖动选中所有的文件（word1～word5）。

（10）用"编辑"菜单中的"全选"选定所有的文件。

（11）用"编辑"菜单中的"反向选定"选中除了 word3 之外的所有文件。

4. 查找文件和文件夹

（12）在打字下建 5 个文本文件 wword1、woord2、wwwrd3、wworrd4、wordd5。

（13）把打字文件夹中的文件自动排列。

（14）查找以 wordd5 命名的这个文件。

（15）查找以 w* d* 命名的文件。

（16）查找以 w?? rd? 命名的文件并比较查找到的结果。

5. 文件夹删除

（17）用按［Del］键的方法删除 word1。

（18）用右击法删除 word2。

（19）用文件菜单删除 word3。

（20）用直接拖放的方式删除 word4。

注：在删除文件夹时，文件夹中的所有文件和子文件夹都被删除。

（21）还原 word1、word2、word3。

（22）把"打字"这个文件夹设置成"隐藏"。

任务小结：资源管理器是 Windows 中一个非常重要的工具。利用资源管理器可以实现对文件和文件夹的查看、复制、移动、删除、重命名等一系列操作，这些操作都是经常性的。另外，回收站的使用也很重要。

任务四 控制面板

 任务目标

掌握如何在控制面板中更改系统日期和时间
了解如何在控制面板中添加删除程序
掌握如何在控制面板中设置系统属性和显示属性

 知识讲解

由于计算机的功能越来越强,使用的设备越来越多,因此管理这些设备就成为 Windows XP 一个非常重要的任务。而使用控制面板,可以使这项管理工作变得十分简单。

一、打开控制面板

在 Windows XP 中,用户可以使用以下 3 种方法打开控制面板,进入其工作窗口:

(1)选择"开始"→"控制面板"命令,即可打开控制面板,进入其工作窗口。

(2)打开资源管理器,在左侧的任务窗格中单击控制面板文件夹,即可在右侧的对象窗格中显示控制面板中的内容。

(3)打开"我的电脑",在左侧的任务窗格中单击控制面板文件夹,即可将其打开。

二、更改系统的日期和时间

可在控制面板中更改系统的日期和时间,具体操作如下:

(1)打开控制面板,双击日期和时间图标,弹出"日期和时间属性"对话框,如图 3-24 所示。

(2)在"日期"选项区中的月份下拉列表框中选择月份,在年份微调框中调整年份,在日期列表框中选择日期。

(3)在"时间"选项区中的微调框中输入正确的时、分和秒,设置完成后,单击【确定】按钮即可。

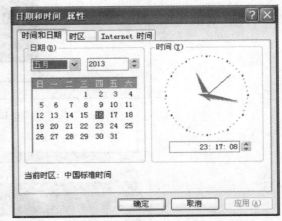

图 3-24 "日期和时间属性"对话框

三、添加或删除应用程序

在 Windows XP 中,如果要添加某个应用程序,可以通过该程序自带的安装程序光盘进行安装;删除该应用程序时,可通过该程序自带的卸载程序删除。除此以外,用户还可以使用 Windows XP 自带的添加和删除程序来完成上述工作。使用添加和删除程序添加或删除应用程序的具体操作如下:

(1)打开控制面板,打开"添加或删除程序"窗口,如图 3-25 所示。

(2)单击"添加新程序"按钮,此时的窗口如图 3-26 所示。单击"CD 或软盘"按钮,即可在安装向导的指导下通过光盘或软盘安装新程序。

(3)单击"更改或删除程序"按钮,如图 3-27 所示,选中要更改或删除的应用程序,单击"更改/删除"按钮,即可更改或删除选中的程序。

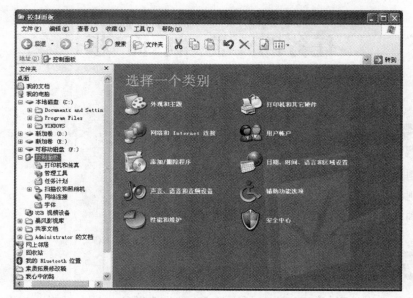

图 3-25 "添加或删除程序"窗口

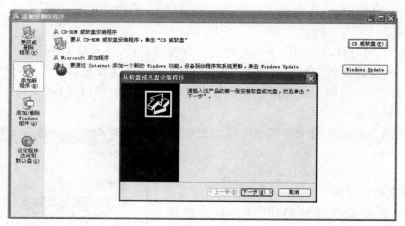

图 3-26 添加向导

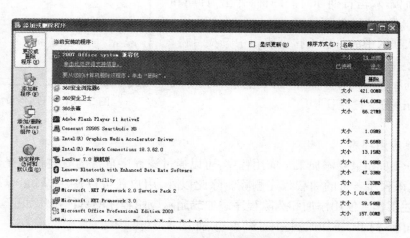

图 3-27 更改或删除程序列表

（4）单击"添加或删除 Windows 组件"按钮，系统会打开"Windows 组件向导"对话框，如图 3-28 所示。

（5）在"组件"列表框中选中要添加组件对应的复选框，单击【下一步】按钮，即可由系统自动安装选中的组件。安装完成后，单击【完成】按钮即可。

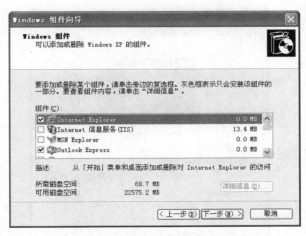

图 3-28　Windows 组件添加向导

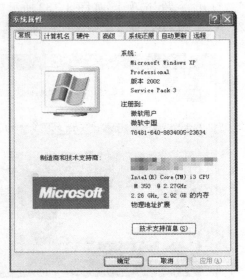

图 3-29　"系统属性"对话框

四、设置系统属性

系统功能主要是对计算机系统的硬件设备和设备的驱动程序进行管理,其具体操作如下:

(1) 打开控制面板,双击"系统"图标,弹出"系统属性"对话框,如图 3-29 所示。

(2) "常规"选项卡中列出了计算机系统的基本信息。如果要对硬件设备进行管理,可单击"硬件"标签,在打开的"硬件"选项卡中设置,如图 3-30 所示。单击【设备管理器】按钮,打开设备管理器窗口。该窗口中列出了计算机中安装的所有硬件设备,用户可在该窗口中查看或卸载选中的硬件设备,如图 3-31 所示。

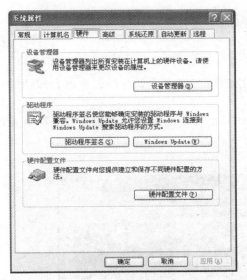

图 3-30　"硬件"选项卡对话框

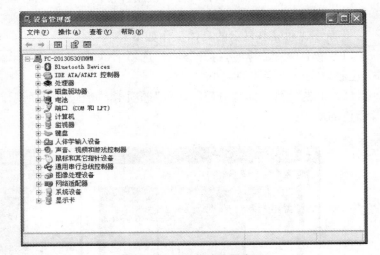

图 3-31　设备管理器窗口

五、设置显示属性

Windows XP 提供了灵活的人机交互界面,用户可以方便地设置其桌面、屏幕保护程序以及屏幕的显示颜色等。

1. 设置系统主题

Windows XP 提供了多种系统主题可供用户选择,使用主题可以为系统设置统一的显示风格。设置系统主题的具体操作如下:

(1) 在桌面上单击鼠标右键,从弹出的快捷菜单中选择"属性"命令,弹出"显示属性"对话框。单击"主题"标签,打开"主题"选项卡,如图 3-32 所示。

（2）在"主题"下拉列表框中选择一种主题,单击【确定】按钮,即可更改当前系统的主题。

图 3-32 "显示属性"对话框   图 3-33 显示"屏幕保护程序"对话框

2. 设置屏幕保护程序

当计算机处于打开状态,而又很长时间没有对计算机进行操作时,可以使用 Windows XP 屏幕保护程序保护显示器。其具体操作如下:

（1）在"显示属性"对话框中单击"屏幕保护程序"标签,打开"屏幕保护程序"选项卡,如图 3-33 所示。

（2）在"屏幕保护程序"下拉列表框中选择一种屏幕保护程序。单击【设置】按钮,可在弹出的对话框中对选择的屏幕保护程序进行详细的设置。

（3）在"等待"微调框中输入等待使用屏幕保护程序的时间,单击【确定】按钮即可。

3. 设置外观和屏幕显示

设置外观和屏幕显示的具体操作如下:

（1）单击"外观"标签,打开"外观"选项卡,如图 3-34 所示。用户可在该选项卡中设置窗口和按钮的样式、色彩方案以及字体的大小。

（2）单击"设置"标签,打开"设置"选项卡,如图 3-35 所示。用户可在该选项卡中设置屏幕的分辨率以及颜色的质量。

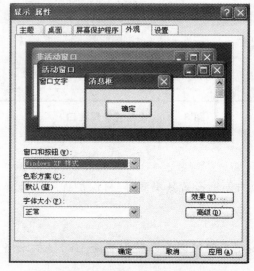 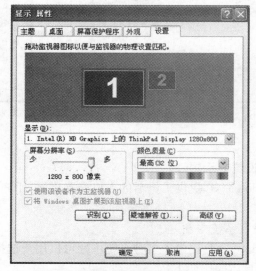

图 3-34 显示"外观"选项卡对话框   图 3-35 显示"设置"选项卡对话框

（3）设置完成后，单击【确定】按钮即可。

 任务实训

1. 将系统日期设置为 2008 年 8 月 8 日，时间设置为 20：00。
2. 设置一个幻灯片屏幕保护程序。
3. 将显示颜色质量设置为 16 位，屏幕分辨率设置为 800×600。

> **任务小结**：通过控制面板，可以对程序进行管理，也可以了解硬件的配置情况，还可以定制个性化的界面。

任务五　磁盘管理

 任务目标

知道磁盘格式化的意义和方法
掌握磁盘清理、碎片整理的方法

 知识讲解

磁盘管理是指对硬盘或软盘的管理。磁盘是计算机系统中用于存储数据的重要设备，操作系统和应用程序的运行都必须依赖磁盘的支持。因此，磁盘管理是计算机中的一项相当重要的任务。

一、磁盘格式化

格式化磁盘是指将磁盘上所有的文件彻底删除并为磁盘分配存储单元。因为这一操作会造成数据丢失的严重后果，所以一般情况下仅当磁盘（硬盘或者 U 盘）出现逻辑错误而无法正常使用时才需要进行格式化操作。操作步骤：

（1）利用资源管理器或者"我的电脑"找到需要格式化的磁盘或者磁盘的一个分区盘符。

（2）用鼠标右键单击盘符，从弹出的快捷菜单中选择"格式化"命令，此时将弹出"格式化"对话框，如图 3-36 所示为 U 盘的格式化对话框。

（3）在"容量"下拉列表框中选择磁盘的容量。默认情况下，系统会自动检测出磁盘的容量并自动选择。

（4）在"文件系统"下拉列表框中选择格式化磁盘后的文件系统。

（5）在"分配单元大小"下拉列表框中选择磁盘存储单元，即簇的大小。

（6）在"卷标"文本框中输入格式化后磁盘的卷标名。

（7）设置好以上各项参数后，单击【开始】按钮，弹出一个提示框，提示用户"格式化磁盘将会将磁盘中的所有数据删除"。单击【确定】按钮，即可开始格式化。格式化完成后，又弹出一个对话框，提示用户格式化操作已经完成。

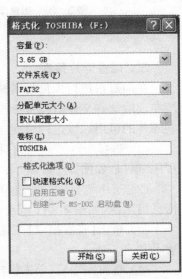

图 3-36　"格式化"对话框

二、磁盘清理

使用 Windows XP 一段时间后,将在硬盘上产生一些不用的文件,这些文件占用了一部分硬盘空间。Windows XP 不会自动删除这些文件,通常需要用户使用磁盘清理程序找到这些文件,并将其删除,以释放磁盘空间。

使用磁盘清理程序清理磁盘的具体操作如下:

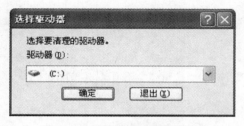

图 3-37 "选择驱动器"对话框

（1）选择"开始"→"所有程序"→"附件"→"系统工具"→"磁盘清理"命令,弹出"选择驱动器"对话框,如图 3-37 所示。

（2）在"驱动器"下拉列表框中选择要清理的磁盘驱动器,单击【确定】按钮,弹出相应磁盘的磁盘清理对话框,如图 3-38 所示。

（3）在"要删除的文件"列表框中选中要删除文件对应的复选框,单击【确定】按钮,即可将选中的文件删除。

（4）单击"其他选项"标签,打开"其他选项"选项卡,如图 3-39 所示,用户可在该选项卡中删除不用的 Windows 组件或不用的应用程序。

图 3-38 磁盘清理对话框

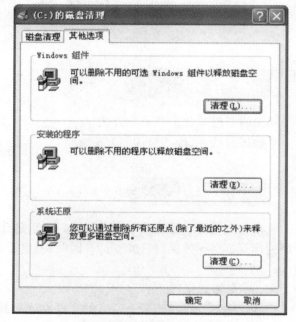

图 3-39 "其他选项"选项卡

三、磁盘碎片整理

在向磁盘进行大量的增减文件操作之后,磁盘中存储的文件会变得支离破碎,会产生很多"碎片",使系统在读取这些文件时耗费不少读取时间。用户可使用 Windows XP 提供的磁盘碎片整理程序,将磁盘中一些碎片的可用区域进行整理。使用磁盘碎片整理程序整理磁盘的具体操作如下:

（1）选择"开始"→"所有程序"→"附件"→"系统工具"→"磁盘碎片整理程序"命令,打开"磁盘碎片整理程序"窗口,如图 3-40 所示。

（2）选中要整理的磁盘,单击【分析】按钮,系统开始对所选择的磁盘进行分析。分析完成后,弹出一个信息提示框,如图 3-41 所示,提示用户是否应该对该磁盘进行整理。

（3）单击【查看报告】按钮,弹出"查看报告"对话框,该对话框中列出了详细的分析信息,如图 3-42 所示。

（4）查看完毕后,单击【碎片整理】按钮,即可开始整理磁盘中的碎片。整理完成后,会弹出一个提示框,提示用户已整理完成,如图 3-43 所示。

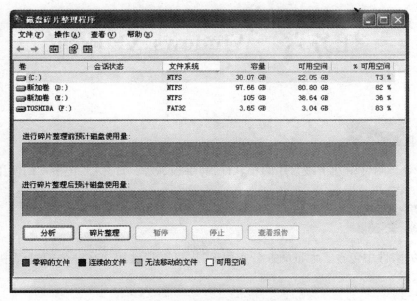

图 3-40 "磁盘碎片整理程序"窗口

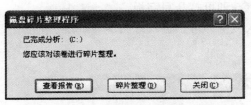

图 3-41 "磁盘碎片整理程序"对话框

图 3-42 分析报告对话框

图 3-43 碎片整理完成对话框

 任务实训

1. 试着对计算机的 C 盘进行磁盘清理和碎片整理操作。
2. 将计算机的 E 盘格式化。

任务小结: 经常对磁盘进行碎片整理能够提高计算机的处理速度。对硬盘进行格式化则可能造成数据的丢失,一般在硬盘出现逻辑问题时进行。

任务六　Windows XP 附件

任务目标

了解 Windows XP 附件中几个最常用的小软件:写字板、画图、计算器、记事本的使用。

知识讲解

Windows XP 的附件中包含了大量的办公实用工具,可以帮助用户在办公的过程中十分方便地完成某项工作。

一、写字板

写字板程序是中文 Windows XP 提供的字处理程序,使用写字板,可以写文章、建立备忘录、写信、写报告以及处理其他事物。打开并使用写字板处理文档的具体操作如下:

(1) 选择"开始"→"所有程序"→"附件"→"写字板"命令,即可打开写字板。

(2) 将光标置于文档开始处,切换到合适的输入法输入文本即可。输入好文本后,可使用常用工具栏中的工具按钮设置文本的字体、大小等,效果如图 3 - 44 所示。

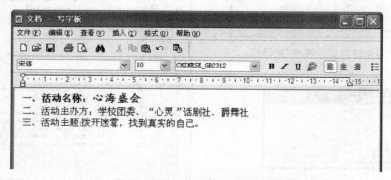

图 3 - 44　写字板程序工作界面

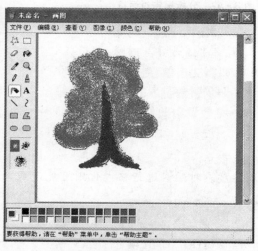

图 3 - 45　画图程序工作界面

二、画图

画图程序是中文 Windows XP 中的一个图形处理程序,它具有强大的图形绘制和编辑功能。使用画图,可以绘制出各种实用的图形。打开并使用画图程序绘制图形的具体操作如下:

(1) 选择"开始"→"所有程序"→"附件"→"画图"命令,即可打开"画图"窗口。

(2) 在左侧的工具箱中选择绘图工具绘制图形,效果如图 3 - 45 所示。

三、记事本

记事本程序是一个简单的字处理器,可用于运行其他应用程序时做一些笔记、备忘录和提示之类的记录。记事本只能输入文字,不能编辑格式,不能改变字体和大小,也不能进行文字

的修改。打开并使用记事本的具体操作如下:

（1）选择"开始"→"所有程序"→"附件"→"记事本"命令,即可打开记事本。

（2）在记事本中输入文字,如图3-46所示。

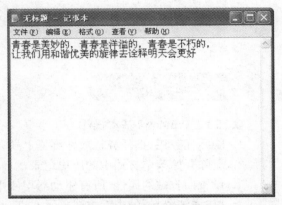

四、计算器

计算器应用程序和一般常用的计算器一样,可以做普通计算,也可以做较复杂的科学计算。打开并使用计算器的具体操作如下:

（1）选择"开始"→"所有程序"→"附件"→"计算器"命令,即可打开计算器。单击计算器窗口中的相关按钮或从键盘上输入数值,按［Enter］键即可计算出结果,如图3-47所示。

（2）要计算较复杂的科学计算,可选择"查看"→"科学型"命令,将窗口扩展到科学型计算器窗口,然后再进行相应的计算,如图3-48所示。

图3-46 记事本程序工作界面

图3-47 计算器程序界面（基础型）

图3-48 计算机程序界面（科学型）

任务实训

1. 利用写字板输入以下文字

大自然是丰富多彩的,欣赏自然景物可以陶冶高尚的情操,是我们生活的一个有趣的组成部分。譬如我们一提到春,就会令人感到无限的生机,产生无穷的力量。古往今来,很多文人墨客曾经用彩色描绘过春天美丽的景色。如果要我们写"春天",应该选择哪些景物,应该怎样描述呢? 现在让我们读读朱自清先生的《春》,看看他是怎样细致观察的,是如何生动描述的,是怎样抒发感情的。

2. 利用科学型计算机,试着转换以下数字的进制:

（1）二进制数 1101110101 转换为十进制数;

（2）十进制数 137 转换为二进制数;

（3）十进制数 345 转换为八进制数;

（4）十六进制数 2C45B7EH 转换成十进制。

3. 利用画图程序绘制以下的图形

任务小结: 系统自带的附件小程序虽然功能不强,但是合理利用,有时候也能很方便地解决棘手的问题。

 综合实训

实训1　Windows 基本操作

1. 隐藏任务栏;把任务栏放在屏幕上端;

2. 删除开始菜单文档中的历史记录;

3. 设置回收站的属性:所有驱动器均使用同一设置(回收站最大空间为 5%);

4. 以"详细资料"的查看方式显示 C:盘下的文件,并将文件按从小到大的顺序进行排序;

5. 设置屏幕保护程序为"三维管道",等待时间为 1 分钟;

实训2　文件和文件夹的管理

1. 在 D 盘根目录下建立如下的文件夹结构:

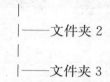
```
D:/——文件夹 4——文件夹1
             |
             |——文件夹 2
             |
             |——文件夹 3
```

2. 将 C:\WINDOWS 下 system 文件夹里全部文件拷贝到文件夹 4 中。

3. 将文件夹 4 中 MOUSE. DRV 重命名为 shubiao. DRV。

4. 将文件夹 4 中所有扩展名为. DLL 的文件剪切到文件夹 1 中;所有扩展名为. DRV 的文件剪切到文件夹 2 中;所有扩展名为. TSK 的文件剪切到文件夹 3 中。

5. 将文件夹 2(含子文件夹)中文件名第 2 个字符是"C"的所有文件删除。

6. 在文件夹 4 中为文件夹 1 中的"MSVIDEO. DLL"创建快捷方式,快捷方式名为"进程文件"(注意:不含扩展名)。

7. 将文件夹 4 及其包含的所有文件及文件夹的属性设为隐藏。

8. 在"开始菜单"的"所有程序"里为文件夹 2 中的"SOUND. DRV"创建快捷方式。

9. 在文件夹 3 中新建一个名为 new. txt 的文件。

10. 将文件夹 3 移动到 D 盘根目录下。

实训3　控制面板的使用

一、区域和语言

1. "区域选项"选项卡(单击【自定义】按钮):

(1) 请设置本机默认数字格式为"小数位数"1 位,"负数格式"为(1.1)。

(2) 请修改长日期格式为"yyyy"年"M"月"d"日。

(3) 请修改时间格式为 tthh:mm:ss。

(4) 请将货币符号修改为"$"。

(5) 请将某个语言的排序方法修改为"笔划"。

2. "语言"选项卡(单击【详细信息】按钮):

(1) 删除"智能 ABC 输入法"。

(2) 添加"内码"输入法。

(3) 设置"在不同的输入语言之间切换"的按键顺序为"左边 ALT+SHIFT"。

(4) 设置"输入法/非输入切换"的按键顺序为"左边 ALT+SHIFT+SPACE"。

查看其他的键设备,尝试其他的键设置。

二、添加或删除程序

1. 请将指定程序(搜狗拼音)从计算机中卸载。

2. 添加 E 盘根文件夹中的"快乐打字"应用程序。

3. 添加"游戏"组件。

4. 添加"IIS"组件。

5. 删除"附件和工具"组件。

6. 添加"附件和工具"组件。

三、系统属性

1. "常规"选项卡:

(1) 写出本机使用的操作系统版本:

(2) 写出本机的 CPU 主频:

(3) 写出本机的内存大小:

2. "计算机名"选项卡:

(1) 写出本机的计算机名:

(2) 写出本机所在的工作组名:

思考与练习

一、填空题

1. Windows XP 是一种_____操作系统。

2. 选中连续的多个文件时,可以先单击选中第一个文件,再按住_____同时单击选择最后一个文件;选中不连续的多个文件时,可以使用_____键配合鼠标选择。

3. Windows XP 采用的是_____结构和文件管理方式。

4. Windows XP 中文件名一般包含_____和_____两部分。

二、选择题

1. 使用( )可以管理计算机中的文件资源。

    A. 资源管理器   B. 我的电脑   C. 控制面板   D. A 和 B

2. ( )是中文 Windows XP 提供的字处理程序。

    A. 写字板   B. 记事本   C. 画图   D. 计算器

3. 移动桌面图标时,应将鼠标指针移到该图标上,然后( )。

    A. 单击左键   B. 按下左键不放拖动   C. 双击左键   D. 双击右键

4. 在 Windows XP 的资源管理器中,可以完成( )操作。

    A. 移动文件   B. 还原删除到回收站中的文件

    C. 删除桌面的图标   D. 查看磁盘空间

5. 下列文件名中,不合法的是( )。

    A. FOR$ B. Z#.JPG   C. AT?.COM   D. WR.TXT

6. 关于文件和文件夹的说法正确的是( )。

    A. 在同一文件夹中,文件不能重名   B. 在同一文件夹中,文件可以重名

    C. 在不同文件夹中,文件不能重名   D. 在不同文件夹中,文件无法重名

7. 在"我的电脑"窗口中,若希望显示文件的名称、类型、大小等信息,则应该选择"查看"菜单中的( )命令。

    A. 列表   B. 详细资料   C. 大图标   D. 小图标

模块四

COMPUTER

中文版 Word 2003 的应用

模块简介：

  Word 2003 是通用的文字处理软件，适于制作各种文档，如信函、传真、公文、报刊、书刊和简历等。本模块主要使用 word 2003 书写和编辑教案、简历，设计特色小报等。

学习目标

- 掌握 Word 的启动与退出
- 掌握文档的创建、打开与保存
- 掌握文本以及符号的查找与替换
- 掌握文档的复制、移动与删除
- 掌握文档字符格式、段落格式的设置、页面设置与文档打印
- 熟悉表格创建、调整、修饰、计算与排序
- 熟悉插入与编辑图片、文本框、艺术字等

任务一 Word 基础

任务目标

掌握 Word 2003 的几种启动方法
了解 Word 2003 的界面及其各种工具

知识讲解

一、Word 2003 的启动与退出

（一）Word 2003 启动

安装 Office 2003 中文版以后，就可以启动中文 Word 2003 了。Word 2003 的启动方式有多种，常用有

以下两种方法：

1. 从"开始"菜单中启动

单击 Windows 的【开始】按钮，然后选择"程序"→"Microsoft Office"子菜单，然后单击"Microsoft Office Word 2003"命令就可启动 Word 2003，启动后的窗口如图 4-1 所示。

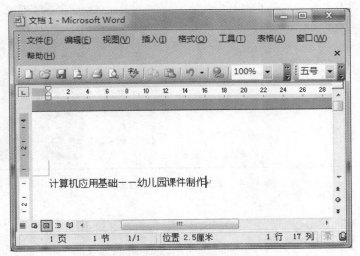

图 4-1　Word 窗口

2. 在"开始"菜单中的"运行"命令中启动 Word 2003

（1）在 Windows 的桌面上，单击"任务栏"上的【开始】按钮。

（2）在"开始"菜单中，选择"运行"命令，则显示出一个对话框，如图 4-2 所示。

图 4-2　"运行"对话框

（3）在"打开"文本框中，输入 Word 所在的位置及程序文件名，通常为"C：\ ProgramFiles \ Microsoft Office \ Office11\WinWord. exe"，或通过【浏览】按钮找到。

（4）单击【确定】按钮。

3. 创建桌面快捷方式

由桌面上的快捷方式启动，若没有快捷方式，在桌面上创建快捷方式，然后启动。

（二）Word 2003 的退出

当退出 Word 2003 时，Word 2003 将关闭所有的文档。如果某些打开的文档修改后没有保存，Word 将询问用户退出之前是否要保存这些文档，如图 4-3 所示。选择【是】按钮，表示保存；选择【否】按钮，表示放弃保存；选择【取消】按钮，则取消关闭 Word 的命令，继续工作。退出 Word 有以下几种方法。

图 4-3　询问框

（1）单击标题栏最右端的"关闭"按钮。

（2）单击"文件"菜单中的"退出"项。

（3）通过[Alt]＋[F4]快捷键。

二、中文 Word 2003 的窗口组成

成功地启动 Word 后，屏幕上就会出现如图 4-4 所示的窗口。它由标题栏、菜单栏、工具栏、标尺、编辑区、滚动条、状态栏等组成。

提示：常用工具栏和格式工具栏有一些工具图标，如果要增加和减少工具可以按照如图 4-5 所示进行操作（左边带钩√的为已经有的工具，可以通过单击取消或者增加√以此增加和减少工具的显示）。

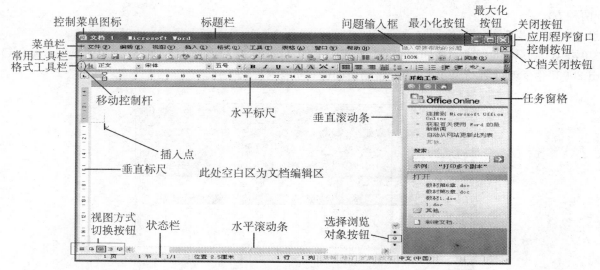

图 4-4 中文 Word 2003 的主窗口

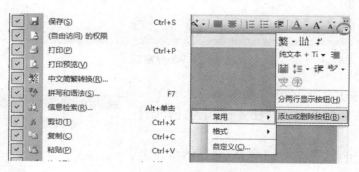

图 4-5 "增加与减少"工具栏菜单

 任务实训

1. Word 的启动

Word 2003 的启动有以下多种方法,可以选择任意一种方法启动 Word 2003。

(1) 利用桌面上的快捷图标启动。

(2) 利用"开始"菜单启动。

(3) 利用"新建 Office 文档"选项启动。

(4) 利用快捷菜单启动。

(5) 利用已有的文档启动。

(6) 利用"开始"菜单的"打开 Office 文档"选项,启动 Word 2003 并打开已有的文档。

2. Word 2003 的退出

可以有多种方法退出 Word。

(1) 单击 Word 2003 标题栏右端的"关闭"按钮。

(2) 打开 Word 2003 标题栏最左边的"控制菜单"图标,选择"关闭"选项。

(3) 双击 Word 2003 标题栏最左边的"控制菜单"图标。

(4) 如果 Word 为当前活动窗口,按[Alt]+[F4]组合键可关闭 Word。

(5) 在 Word 标题栏任意位置右击,在弹出的快捷菜单中选择"关闭"选项。

(6) 在菜单栏上选择"文件"→"退出"选项。

3. Word 文档的建立与保存

在磁盘(如 D 盘)的根目录下建立一个新文件,输入一下几段文字,以文件名 W1. doc 保存。

促进和提高幼儿教师专业成长的有效策略

"以实现自我专业发展和更新为目的的成长路径"是幼儿教师专业成长的关键。幼儿教师和幼儿园都应充分发挥幼儿教师专业成长的主动性与自觉性,努力运用专业智慧为一线教师打通这条路径,引导他们自我发现问题,产生解决问题的愿望。

（一）激发成就动机的根本动力,促进幼儿教师专业成长

（二）开拓幼儿教师的专业视野

（三）用情感手段激励幼儿教师热爱教育事业

综上所述,幼儿园要想求生存、求发展,离不开幼儿教师的专业化成长。将促进和提高幼儿教师的专业成长落到实处,积极寻找切入口,确立体现教师专业水平的基本素养是一个循序渐进的过程,是一个动态的过程,是一个需要我们不断进行实践的过程。

4. 工具栏中工具的添加

仔细查找是否有绘图工具,若没有,增加绘图工具

> **任务小结**:本任务主要是了解 word 2003 的启动,要求学生掌握几种启动和关闭方法,了解 word 2003 界面的构成及其工具的打开和关闭方法。

任务二　Word 视图方式介绍

任务目标

了解 word 2003 的视图种类和用途

知识讲解

Word 提供了几种在屏幕上显示文档的方式,这种方式称为视图。不同的视图方式可以使用户在处理文档时把糟力集中在不同的方面。常用的视图方式有以下 5 种。

"普通"视图方式、"Web 版式"视图、"页面"视图、"大纲"视图以及"阅读版式"视图方式。

1. "普通"视图

"普通"视图方式是 Word 下默认的文档视图,可以用于输入、编辑和编排格式。"普通"视图能在一定程度上实现"所见即所得",即在屏幕上见到的与在打印机上实际得到的相差无几。可用于多种文字处理工作,如输入、编辑以及文字编排。"普通"视图显示文本的格式,简化版面,以便快速输入和编辑。如图 4-6 所示为"普通"视图窗口。

2. "Web 版式"视图

"Web 版式"视图能够仿真 Web 浏览器来显示文档,文本自动折行以适应窗口的大小,并可看到 Web 文档添加的背景,非常适用于创建 Web 页,如图 4-7 所示。

3. "页面"视图

"页面"视图能够在屏幕上模拟打印所得到的文档,取得"所见即所得"的效果。"页面"视图除了有"普通"视图已具备的那些特点外,还显示出实际位置的多栏版面、页眉、页脚注和尾注,也可以精确地查看到图文中的项目。如图 4-8 所示为"页面"视图状态。

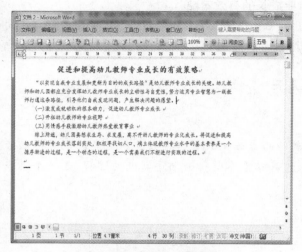

图4-6 "普通"视图窗口

图4-7 "Web版式"视图

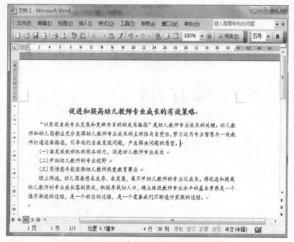

图4-8 "页面"视图窗口

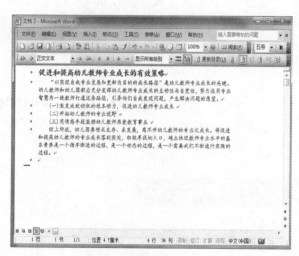

图4-9 "大纲"视图窗口

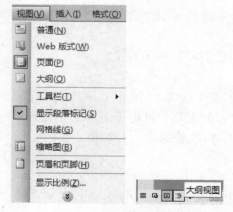

图4-10 视图切换菜单

4．"大纲"视图

在"大纲"视图中，可以折叠文本，只显示大标题，而暂时隐藏标题下面的文档，也可以展开文档，以便查看整个文档和处理文档的结构，从而掌握文档的全局。这样，移动或复制文本、重组文档都很容易。还可以升级或降级标题及其从属文本，当移动标题时，所有子标题和从属正文都将自动随之移动。如图4-9所示为大纲视图。

提示：视图的切换方式为，打开视图菜单，依次有"普通"、"Web版式"、"页面"、"大纲"等，如图4-10所示。

5．"阅读版式"视图

"阅读版式"视图是Word 2003的新增功能。该视图隐藏除"阅读版式"和"审阅"工具栏以外的所有工具栏，可以方便地增大或减小文本显示区域的尺寸，而不会影响文档中的字体大小，可以将相邻的两页显示在一个版面中，增加了文档的可读性，便于用户阅读文档。

6．其他显示方式

除了上面介绍的5种常用Word视图方式外，还有另外两种显示方式。

（1）全屏显示　用于隐藏全部屏幕元素，如工具栏、菜单、滚动条等。当选择"全屏显示"时，Word显示"全屏显示"工具栏，用于关闭全屏显示。

（2）打印预览　用于模拟显示要打印的文档。在打印预览时，可以显示或隐藏标尺和其他屏幕元素。切换到打印预览时，Word 给文档重新分页，以保证页码的正确。

 任务实训

切换并比较 Word 2003 的视图模式，观察各种视图模式的区别，了解各种视图的应用领域。

任务小结：
　　Word 2003 的视图模式之间的差异不大，尤其是平常习惯了页面视图，往往以为 Word 只有页面视图，要比较各种视图之间的差异和用途。

任务三　Word 2003 的基本操作

 任务目标

文档的创建与编辑以及编辑设置等
文档编辑的常用快捷键和符号的输入

 知识讲解

一、创建、打开和保存文档

Office 2003 各个组件中，文档管理的操作基本上是相同的。掌握了 Word 2003 文档的新建、打开和保存后，其他组件的相应操作基本相同。

1. 创建 Word 2003 文档

在创建文档时，Word 2003 为用户准备了一系列的模板。模板规定了文档的基本格式，包括文字的字体、字号，各行之间的行距，段落的间距等。每个模板对应一个扩展名为".dot"的模板文件。一般创建文档时都使用标准模板，标准模板对应的文件是 Nomal.dot。

（1）按标准模板创建文档　启动 Word 2003 程序时，按标准模板新建一个空白文档。单击"文件"菜单中的"新建"命令，在弹出的"新建文档"任务窗格中单击"空白文档"链接。这样新建的空白文档，Word 2003 将它们命名为"文档 1"、"文档 2"等。Word 文档的扩展名是".doc"。

（2）按其他 Word 2003 模板和向导创建文档　单击"文件"菜单中的"新建"命令，在弹出的"新建文档"任务窗格中单击"本机上的模板"，弹出如图 4-11 所示的"模板"对话框。

选择适当的模板或向导，再单击【确定】按钮，就可以按所选择的模板或向导薪建文档。

2. 打开 Word 2003 文档

打开一个 Word 2003 文档就是将磁盘上的文档调入到计算机的内存，以便编辑。单击工具栏上的"打开"按钮，或者单击"文件"菜单的"打开"命令，都可以弹出如图 4-12 所示的"打开"对话框。

选中要打开的文档后，对话框右边会显示文档的内容，并且可以通过对话框右下角的"打开"列表框来选择打开方式："以只读方式打开"或者"以副本方式打开"。当选择"以副本打开"时，会先产生一个文档的副本，再打开文档进行编辑。

但是，如果单击左边的"历史"按钮，所显示的文件名都是快捷方式名，选择这样的文件，可以将文件打

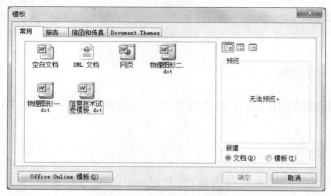

图4-11　"模板"对话框

图4-12　"打开"文件对话框

开,但是不会在"打开"对话框的右边显示其内容,也不能选择"只读方式"等打开方式。

还可以一次打开多篇文档。选择多个文档的方法和在"资源管理器"中所用的方法相同:按下[Ctrl]键,再逐个单击要打开的文档。选择完毕后,单击【打开】,就可以同时将选中的文档在不同的窗口中打开。

3. 文档的保存

单击工具栏上的"保存"按钮,或者单击"文件"菜单的"保存"命令,都可以保存编辑的文档。也可以单击"文件"菜单的"另存为"命令,将文档保存到其他的文件夹。

如果要将Word文档保存为其他格式,可在"另存为"对话框中,打开"保存类型"列表框,选择需要的文档类型。包括保存为扩展名为".htm"的"Web"文档。

图4-13　"选项"对话框

为了避免因为停电等事故丢失正在编辑的内容,要注意及时保存文档。也可以通过设置由Word自动保存文档:单击"工具"菜单的"选项"命令,选择"保存"选项卡,如图4-13所示。选中"自动保存时间间隔"复选框和选定相应的时间间隔,Word就会每隔一段时间自动制作文档的恢复文件。如果发生意外,用户应该重新启动Word 2003,启动时将打开自动恢复文件,使用户的损失减到最小。

在发生意外后,建议用户不要从"开始"菜单的"文档"选项重新打开上次编辑的文档,因为这个文档并不是Word 2003自动保存的恢复文件。这时,用户就必须自己找到和打开Word所保存的恢复文件。自动恢复文件存放在Documents and settings\用户名\Application Data\Microsoft\Word文件夹下。

在这个对话框中还可以设置打开或编辑Word 2003文档的密码。设置后,任何人都要输入正确的密码后,才能打开或者编辑相应的Word文档。

"选项"对话框还有许多选项卡,读者应该仔细看一下每张选项卡的内容,掌握更多的对于Word 2003的设置内容和方法。

二、编辑文档

创建一个新的文档后,首要的工作就是录入文字,然后才能对文档进行编辑操作。

(一)录入文档

Word 2003的文档编辑区内有一个闪动的竖线,称为插入点。录入文字只出现在当前插入点所在位置之前,不断地输入文字,插入点就会不断地向后移动。

输入文本时,插入点会随着文字的输入自动向后移动,用户也可以根据需要在可编辑的区域内移动插入点。移动插入点可以通过单击,也可以使用键盘方向键及快捷键来完成。

使用键盘移动插入点的方法见表4-1。

表4-1　使用键盘移动插入点方法一览表

移动范围	键盘操作	移动范围	键盘操作
向左移动一个字符	←	上一页	PageUp
向右移动一个字符	→	下一页	PageDown
向上移动一行	↑	向左移动一个词	Ctrl＋
向下移动一行	↓	向右移动一个词	Ctrl＋
行首	Home	行尾	End
向前移动一个段落	Ctrl＋	上一页的顶部	Ctrl＋PageUp
向后移动一个段落	Ctrl＋	下一页的顶部	Ctrl＋PageDown
移至支档首	Ctrl＋Home	窗口的顶端	Alt＋Ctrl＋PageUp
移至文档尾	Ctrl＋End	窗口的底端	Alt＋Ctrl＋PageDown

启动 Word 2003 后,可以直接在空文档中输入文本,中、英文字符可使用键盘直接输入。当到达行尾时,Word 会自动换行。要结束当前段落并开始一个新段落,可以按下[Enter]键实现。如果在某段落中需要强行换行,可以按下[Shift]＋[Enter]键。

　　提示:Word 的默认文字录入状态是"插入"(即将文字插入到当前插入点的位置,插入点自动后移),若要切换到"改写"状态(即输入的文字自动替换插入点后的文字),可通过[Insert]键(而非数字键盘中的[Ins]键)实现。换句话说,就是若当前处于"插入"状态,按下[Insert]键可切换至"改写"状态;若当前处于"改写"状态,按下[Insert]键可切换至"插入"状态。

　　用户在文字录入过程中,除了输入普通的文字及标点以外,有时还需要输入一些特殊的符号,例如希腊字母、罗马数字、特殊的标点和序列号等。

　　插入符号的方法:选择"插入"→"符号"命令,打开如图4-14所示的"符号"对话框,从中选择所需的符号,然后单击【插入】按钮,将选择的符号插入到文档中。此外,用户也可以通过中文输入法所提供的符号键盘输入各种符号。

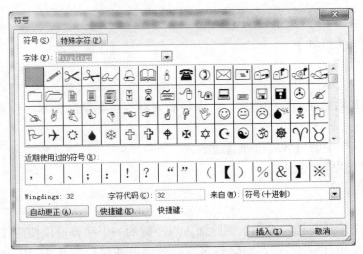

图4-14　"符号"对话框

(二) 文档的编辑

文本录入完成后,有时需要对其进行编辑操作,如选择文本、剪切、复制、粘贴和删除文本。

1. 选择文本

对某段文本进行移动、复制、删除等操作时,必须先将其选定,然后进行相应的操作。当文本被选中后,所选文本反白显示。要取消选择,可在"文本编辑区域"内的任何位置处单击。

可以使用鼠标选择文本,也可以使用键盘选择文本。在 Word 2003 中,使用鼠标选择文本的常用方法见表 4-2。

表4-2   使用鼠标选择文本的方法一览表

选取内容	执 行 操 作
一个单词	双击该单词
一个图形	单击该图形
一行文本	将指针移动行的左侧,直到指针变为向右的箭头时,单击鼠标左键
多行文本	将指针移到该行的左侧,直到指针变为指向右边的箭头,然后向上或向下拖动
一个句子	按住[Ctrl]键,然后单击该句子中的任何部分
一个段落	将指针移到该段落的左侧,直到指针变为指向右边的箭头,然后双击。或者在该段落中的任意位置上三击
多个段落	将指针移动到该段落的左侧,直到指针变为指向右边的箭头,然后双击,并向上或向下拖动指针
一大块文本	单击要选择内容的起始处,然后移动滚动条到要选择内容的结尾处,再按住[Shift]键,同时在结尾处单击
整篇文档	将指针移动到文档中任意正文的左侧,直到指针变为指向右边的箭头,然后三击
多项不连续选择	按下[Ctrl]键,用指针在需要选择的文档处逐一选取

2. 剪切

在 Word 2003 中,移动或删除文本可以使用剪切操作。剪切文本的方法如下:选择要剪切的文本,选择"编辑"→"剪切"命令;选择要剪切的文本,单击"常用"工具栏中的"剪切"按钮 ✂;选择要剪切的文本,按下[Ctrl]+[X]键。

3. 复制

在编辑过程中,当文档出现重复内容或段落时,使用复制命令进行编辑是提高工作率的有效方法。用户不仅可以在同一篇文档内,也可以在不同文档之间复制内容,甚至可将内容复制到其他应用程序的文档中。选定文本后,复制文本的方法如下:

(1) 单击"常用"工具栏中的"复制"按钮 。

(2) 选择"编辑"→"复制"命令。

(3) 按下[Ctrl]+[C]键。

4. 粘贴

文本复制后需要将其粘贴在相应的位置。首先将插入点放在要粘贴文本的位置,然后执行下列任一操作粘贴文本:

(1) 单击"常用"工具栏中的"粘贴"按钮 。

(2) 选择"编辑"→"粘贴"命令。

(3) 按下[Ctrl]+[V]键。

5. 删除

删除是指将文本或图形从文档中去除。删除插入点左侧的一个字符可以使用[BackSpace]键;删除插入点右侧的一个字符可以使用[Delete]键。删除较多连续的字符或整段的文字,用[BackSpace]和[Delete]键显然很繁琐。选择要删除的文本或其他对象后,可以通过以下操作将其删除:

(1) 单击"常用"工具栏中的"剪切"按钮。

(2) 选择"编辑"→"剪切"命令。

(3) 按下[Delete]键。

注意:"删除"和"剪切"操作都能将选择的文本从文档中去除,但功能不完全相同。二者的区别在于:使用"剪切"操作时删除的内容会保存到"剪贴板"上;使用"删除"操作时删除的内容则不会保存到"剪贴板"上。

（三）查找与替换

在文档中经常需要查找或修改一些文字符号,尤其是当需要从较长的文档中统一地更改某些相同的字符时,如果使用鼠标或者滚动条一页页地浏览文本并一个个地进行修改,不仅速度慢,而且不一定能找全。使用 Word 2003 的查找与替换功能可以快速查找或替换文档中的某个单词、短语、格式或特殊字符。查找功能主要用于在当前文档中搜索指定的文本或特殊字符。

1. 查找文本

选择"编辑"→"查找"命令,打开如图 4－15 所示的"查找和替换"对话框。在"查找内容"列表框中输入要搜索的文本,例如"选择文本",单击【查找下一处】按钮,则开始在文档中查找所需的字符串。

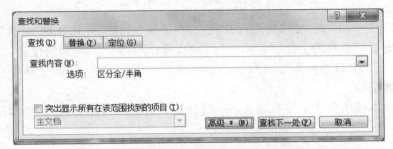

图 4－15 "查找和替换"对话框的"查找"选项卡

技巧：按下[Ctrl]＋[F]键可以快速打开"查找和替换"对话框,并切换至"查找"选项卡。

单击【查找下一处】按钮后,Word 会自动从当前插入点处开始向下搜索文档,查找"选择文本"字符串,如果直到文档结尾没有找到"选择文本"字符串,则继续从文档开始处查找,直到找到当前插入点处为止。若查找到"选择文本"字符串后,插入点停在找出的文本位置,并使其置于选中状态。

若要查找特定格式的文本,可通过单击【高级】按钮,打开如图 4－16 所示的对话框。在"查找内容"列表框中输入要查找的文字,例如"查找选定格式的文本",单击【格式】按钮,从弹出的快捷菜单中选择"格式"选项,设置后单击【查找下一处】按钮,则开始在文档中查找特定格式的文本。

若要查找特殊字符,可通过单击【高级】按钮,打开如图 4－16 所示的对话框。单击"特殊字符"按钮,从弹出的菜单中选择特殊字符,例如"段落标记"、"制表符"、"任意字符"、"脱字号"、"分栏符"和"省略号"等,选择后单击【查找下一处】按钮,则开始在文档中查找特殊字符。

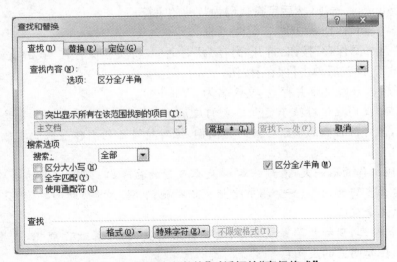

图 4－16 "查找和替换"对话框的"高级格式"

2. 替换文本

选择"编辑"→"替换"命令,打开如图 4－17 所示的"查找和替换"对话框。在"查找内容"列表框中输入要搜索的文本,例如"Word 2003",在"替换为"列表框中输入要替换的文字,例如"Word 2007",设置后,单击【替换】、【全部替换】和【查找下一处】按钮,开始在文档中进行查找或替换字符串。

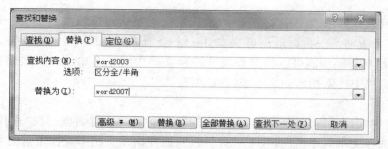

图4-17 "查找和替换"对话框的"替换"选项卡

技巧:通过按下[Ctrl]+[F]键,可以快速打开"查找和替换"对话框并切换至"替换"选项卡。

如果在文本中确定要将查找的全部字符串进行替换,可以单击【全部替换】按钮,计算机会将查找到的字符串自动进行替换。但是,有时并不是查找到的字符串都应进行替换,因此全部替换命令使用中要小心把不应替换的错误的替换掉。

如果在"替换为"文本框中什么也没有输入,单击【替换】或【全部替换】按钮后的实际效果是将查找的内容从文档中删除。

(四)撤销与恢复

在编辑的过程中难免会出现误操作,Word提供了撤销功能,用于取消最近对文档进行的误操作。撤销最近的一次误操作可以直接单击"常用"工具栏上的"撤销"按钮或选择"编辑"→"撤销"命令。"重复"功能用于恢复被撤销的操作,其操作方法与撤销操作类似。

 任务实训

1.创建空白文档,插入符号♥与✋,并将文件名设置为"W2 符号.doc"。

(1)单击"工具栏"中的"新建"按钮,创建一个空白文档。

(2)选择"插入"→"符号"命令,打开"符号"对话框。

(3)切换到"符号"选项卡,从字体中选择"Webdings",然后在字符代码输入"89"的字符。

(4)字体为 Wingdings 2 选项,然后字符代码为"78"的字符。

(5)插入后,单击"关闭"按钮,关闭"符号"对话框。

(6)单击"工具栏"中的"保存"按钮,打开"另存为"对话框,将文档保存在"我的文档"中。然后在"文件名"文本框中输入"符号",设置后单击【保存】按钮。

2.按照下面样子输入几段文字并存盘,文件名为"W3.doc"。

作为一名幼儿教师,我们应该对孩子负责。我们应该用"爱满人间"的胸怀去关爱每一位幼儿,对幼儿就像对待自己的孩子,像对待自己的眼睛一般呵护他们,像对待自己的杰作一般欣赏他们,让每个孩子在真诚的关爱中健康成长!

记得刚踏入幼儿园工作的第一天,看到一群群天真可爱的孩子,一张张好奇的小脸,我有点不知所措。所幸的是,我遇上了这么多好的领导、好的搭班老师。正是她们,给了我帮助和鼓励,让我学到了许多道理,知道了什么是爱,什么是责任心。

让我们用慈爱呵护纯真,用智慧孕育成长,用真诚开启心灵,用希冀放飞理想,我愿用自己的双手和大家一道默默耕耘,共同托起明天的太阳!

任务小结:

本任务主要是训练学生文本的输入和编辑以及常见符号的输入。

70

任务四　文　档　排　版

任务目标

掌握字符、段落排版的基本操作以及项目符号使用

能够按照实际需要对教案、总结、论文等进行文字编辑和段落排版

知识讲解

输入文档后,还要对文档进行格式设置,包括字符格式、段落格式等,以使其美观和便于阅读,Word 提供了"所见即所得"的显示效果。

一、字符格式排版

字符格式的编排主要包括字体、字号和字型设置等。有关字符的一般排版操作都可以通过"格式"工具栏来实现,有些特殊的字符格式设定操作则需要使用"字体"对话框进行,"字体"对话框中的字符格式设置命令更为丰富。

1. 字体设置

Word 默认设置中文字体为宋体、英文字体为 Times New Roman。要改变当前的字符所用的字体,最简单的方法是使用"格式"工具栏上的"字体"下拉列表。

选定要改变字体的文本,单击"格式"工具栏中的"字体"列表框右边的向下箭头,出现如图 4-18 所示的"字体"下拉列表,从"字体"列表框中单击所需的字体名称,所选定的文本马上出现该字体的效果。

一般情况下,西文字体仅对西文字符起作用,中文字体对中文和西文都起作用。要想使中文字体仅对中文起作用,可以选择"工具"菜单中的"选项"命令,在出现的对话框中选择"常规"标签,清除"中文字体也应用于西文"复选框。

图 4-18　字体列表　　　　　　　图 4-19　字号列表

2. 改变字号

通过"字号"列表框可以选择所需的字号,如图 4-19 所示,用来改变文字的大小。如果字号列表中没有所需的字号,可单击"字号"框,然后用键盘直接输入 1～1 638 之间的数值来指定字号大小。

Word 默认正文的字号为五号。在 Word 中,除了采用"号"作为字体大小的衡量单位外,还采用"磅"(1磅相当于是 1/72 英寸)作为字号的单位。"磅"与"号"两个单位之间也有一定的关系,例如 9 磅的字与小五号字大小相当。

3. 设置加粗、倾斜和下划线格式

在文档中为了强调和区分某些文字，经常需要对文字添加标记。例如，把重点文字变为加粗或倾斜，在文字的下方添加一条线等。

通过"格式"工具栏中的 **B** *I* U ·A A A ✗· 按钮，可分别使选择的文本"加粗"、"倾斜"、"添加下划线"、边框、底纹及缩放，如图 4 - 20 所示。要取消文本的格式，可以再次选定该文本，然后单击"格式"工具栏中相应的按钮，使其呈弹起状态。而通过"字符边框"和"字符底纹"按钮，可以给选定的文本分别添加边框和底纹效果。

如果对某些字符格式设置不满意，按[Ctrl]＋[Shift]＋[Z]组合键，可以取消文档中选中段落的所有字符排版格式。

幼儿教师	加粗效果
幼儿教师	*倾斜效果*
幼儿教师	下划线效果
幼儿教师	字符边框效果
幼儿教师	字符阴影效果
幼儿教师	字符缩放 150 效果
幼儿教师	字符缩放 200 效果

图 4 - 20　各种字型效果

图 4 - 21　"字符间距"标签

4. 调整字符间距

通常情况下，并不需要考虑调整字符之间的距离。有时，适当增加字符间距会使文档变得更美观。设置字符间距的具体操作方法如下：

（1）选定要调整字符间距的文本。

（2）选择"格式"菜单中的"字体"命令，出现"字体"对话框。

（3）单击"字体"对话框中的"字符间距"标签，如图 4 - 21 所示。

（4）在"缩放"下拉列表框中选择字符的缩放比例，也可以直接在该框中输入想要设置的缩放比数值，即可将文本设置为任意比例的长体字或扁体字。

（5）若要加宽或者紧缩字符的间距，则从"间距"列表框中选择"加宽"或者"紧缩"，并在右边的"度量值"框中输入间距值。

（6）若要提升或者降低所选文本的位置，则从"位置"列表框中选择"提升"或者"降低"，并在右边的"磅值"框中输入具体的数值。

（7）设置完毕后，单击【确定】按钮。

提示：单击"字体"对话框中的"文字效果"标签，可以给选定的文字设置动态效果。这些效果只能在屏幕上显示，而不能打印出来。

5. 项目符号和编号

为了提高文档的可读性，可在段落之前添加项目符号或编号。当列出一组相关但无序的列表时，可使用项目符号；当列出一组相关但有序的列表时，可使用编号。

添加项目符号或编号时可分别使用"常用"工具栏上的 ⊟ 和 ⊟ 工具按钮，也可使用"格式"菜单中的

"项目符号和编号"命令。

如果使用工具栏添加项目符号或编号,可以按照下列步骤进行:

(1) 选定要添加项目符号或编号的段落,单击"格式"工具栏中的"项目符号"按钮 ≡ 或者"编号"工具按钮 ≡ 。

(2) 如果对当前的项目符号或编号的样式不满意,可打开"格式"菜单,选择"项目符号和编号"命令,打开如图 4-22 所示的"项目符号和编号"对话框,然后选择"项目符号"选项卡,从中选择其他的项目符号或编号的样式。

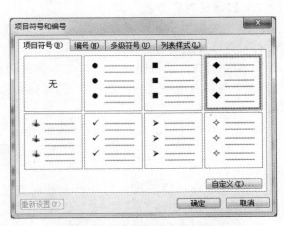

图 4-22 "项目符号"选项卡

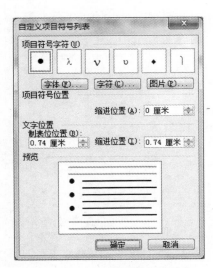

图 4-23 自定义项目符号列表

(3) 如果项目符号或编号的当前的样式列表中没有所需的样式,可单击"自定义"按钮,打开如图 4-23 所示的自定义对话框,自定义相应的编号或项目符号样式。要在已添加项目符号或编号的列表中增加新的项目时,只需把插入点移到想加入新项的位置,然后按回车键建立一个新段,Word 会自动插入新的项目符号或编号,并按需要给列表项重新编号。

二、段落格式排版

在进行文档编辑时,除了需要对文字进行修饰,还需要对段落进行设置。Word 同样提供了多样的方式对段落进行设置,例如,缩进、对齐方式、行间距、首字下沉、添加行号等。

(一) 段落的缩进

1. 利用格式工具栏中的增大/减小缩进量的按钮

在格式工具栏的右侧有两个按钮,它们分别为增大缩进量按钮 ≡ 和减小缩进量按钮 ≡ ,使用这两个按钮可以在指定的段落上进行段落缩进量的改变,其具体做法如下:

选定要改变缩进量的段落或将插入点放在该段的任意位置,单击"增大/减小缩进量"按钮即可,每单击一次按钮所选段落的缩进量将改变一个字符。另外需要注意的是,这种方法是以段为单位进行缩进量的改变,如果选定的内容不为一段,则按照一段进行处理。

2. 利用标尺

如图 4-24 所示,在标尺中主要包含"左缩进"、"右缩进"、"悬挂缩进"、"首行缩进"4 个滑块,其中:

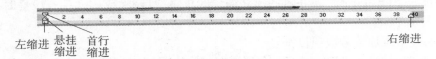

图 4-24 标尺

（1）左缩进　指整个段落的左边界向右缩进的距离。

（2）右缩进　指整个段落的右边界相对于页面的右边界向左缩进的距离。

（3）悬挂缩进　指段落首行的左边界不变,其余各行的左边界相对于页面左边界向右缩进的距离。

（4）首行缩进　指段落首行的左边界相对于页面左边界向右缩进的距离,其余的行的左边界不变。

因此通过改变滑块的位置就可以改变段落的缩进量。

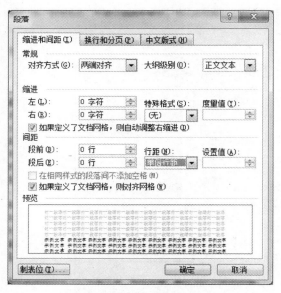

图 4-25　"段落"对话框

3. 利用"段落"对话框

在"格式"菜单中选择"段落"选项,就会出现如图 4-25 所示的"段落"对话框。在"段落"对话框的"缩进"和"特殊格式"中进行选择和修改,可以实现前面所提到的段落缩进功能。

（二）段落的对齐方式

Word 主要提供了 4 种对齐方式,分别为两端对齐、居中对齐、右对齐和分散对齐。

（1）两端对齐　通过微调每一行文字间的距离,使段落各行的文字与左右边缩进标记都对齐,但段落结束行保持左对齐。

（2）居中对齐　段落按左右缩进标记居中。

（3）右对齐　段落按右缩进标记对齐,左边根据文本的长短连续参差不齐。

（4）分散对齐　使段落在每一行上都对齐左右缩进标志,段落结束行也不例外。

要实现这几种不同的对齐方式,可以先选定所要改变对齐方式的内容,再单击格式工具栏中的相应按钮,或在前面提到的"段落"对话框的对齐方式选项中进行选择。

（三）设置段落间距

段落的间距包括段前间距、段后间距和段内的行间距。对于这些内容可以通过在"段落"对话框中的"缩进和间距"标签页来进行段间距设置。同样是先选定段落,然后在"段前"、"段后"微调框中分别设置距前段距离和距后段距离。

（四）项目符号和段落编号

编排文档时,在某些段落前加上编号或某种特定的符号(称项目符号),可以提高文档的可读性。手工输入段落编号或项目符号不仅效率不高,而且在增、删段落时还需修改编号顺序,容易出错。在 Word 中,可以在键入时自动给段落创建编号或项目符号,也可以给已键入的各段文本添加编号或项目符号。

1. 键入文本时自动创建编号或项目符号

在键入文本时自动创建项目符号的方法是:在键入文本时,先输入一个星号" * ",后面跟一个空格,然后输入文本。输完一段按［Enter］键后,星号会自动变成黑色的项目符号"●",并在新的一段开始处自动添加同样的项目符号。这样,一段一段的输入,每一段前都有一个项目符号,最后新的一段(指未曾输入文本的一段)前也有一个项目符号。要结束自动添加项目符号,按［Backspace］键删除插入点前的项目符号即可(或者再按一下［Enter］键)。

自动创建段落编号的方法是:在键入文本时,先键入如"1.""(一)""第一、""A."等格式的起始编号,然后输入文本。当按下［Enter］键时,在新的一段开头处就会根据上一段的编号格式自动创建编号。重复上述步骤,可以对键入的各段建立一系列的段落编号。要结束自动创建编号,按［Backspace］键删除插入点前的编号即可(或者再按一下［Enter］键)。在这些建立编号的段落中,删除或插入某一段落时,其余的段落编号会自动修改,不必人工干预。

2. 对已键入的段落添加编号或项目符号

（1）使用格式菜单中的"编号"或"项目符号"按钮给已输入的段落添加编号或项目符号。首先选定要添加段落编号(或项目符号)的段落,然后单击格式工具栏中的"编号"按钮 ≔ 即可。

（2）使用格式工具栏中的"项目符号和编号"命令给已输入的段落添加编号或项目符号。首先选定要添加编号（或项目符号）的段落，然后选择"格式1项目符号和编号"命令，打开"项目符号和编号"对话框，如图4-26所示。单击"项目符号"标签，此选项卡上提供了7种项目符号，用户可以选择其中的一种并单击【确定】按钮。要添加编号的话，只要将其操作改为：单击"项目符号和编号"对话框中的"编号"标签。此选项卡上也提供了7种编号，用户可以选定其中的一种并单击【确定】按钮。

图4-26 "项目符号和编号"对话框

用户还可以自定义除选项卡中提供的7种格式以外的项目符号或编号。单击"自定义"按钮就可以选择并定义新的项目符号或编号。

（五）制表位的设定

按［Tab］键后，插入点移动到的位置叫制表位。初学者往往用插入空格的办法达到各行文本之间的列对齐。显然，这不是一个好方法。简单的方法是按［Tab］键移动插入点到下一个制表位，这样很容易做到各行文本的列对齐。Word中，默认制表位是从标尺左端开始自动设置，各制表位间的距离是0.75 cm。另外，Word提供了5种不同的制表位，可以根据需要选择并设置各制表位间的距离。

在水平标尺左端有一制表位对齐方式按钮，不断单击它可以循环出现：左对齐制表符 $\boxed{L}$ 等5个制表符，可以单击选定其中之一。用户可以使用标尺设置制表位，也可纵使用"格式"菜单中的"制表位"命令设置制表位。

使用"格式"菜单中的"制表位"命令设置制表位的步骤是：

（1）将插入点置于要设置制表位的段落。

（2）选择"格式1制表位"命令，打开如图4-27所示的制表位对话框。

图4-27 "制表位"对话框

 任务实训

1. 按照要求对素材文章进行排版，输入文字并命名为 W4.doc。

幼儿园教师读书笔记

作为一名幼儿教师，我们就应该对孩子负责。我们应该用"爱满人间"的胸怀去关爱每一位幼儿，对幼儿就像对待自己的孩子，像对待自己的眼睛一般呵护他们，像对待自己的杰作一般欣赏他们，让每个孩子在真诚的关爱中健康成长！

　　记得刚踏入幼儿园工作的第一天,看到一群群天真可爱的孩子,一张张好奇的小脸,我有点不知所措。所幸的是,我遇上了这么多好的领导、好的搭班老师。正是她们,给了我帮助和鼓励,让我学到了许多道理,知道了什么是爱,什么是责任心。

　　让我们用慈爱呵护纯真、用智慧孕育成长、用真诚开启心灵、用希冀放飞理想,我愿用自己的双手和大家一道默默耕耘,共同托起明天的太阳!

　　要求:

　　(1) 设置第一行　将文章的第一行设置成二号、红色、加粗的黑体字,居中,作为本文的标题。

　　(2) 设置全文　将全文设置为小四号宋体字,行间距为固定值25。

　　(3) 设置第一段　将文章第一段设置成:左对齐、首行缩进0.8 cm、段前距4磅、段后距3磅,1.5倍行距。

　　操作步骤如下:

　　① 选定第一段,或把光标置于第一段中。

　　② 在菜单栏上选择"格式"斗"段落"选项,弹出"段落"对话框。

　　③ 在"缩进和间距"选项卡中设置"特殊格式"为"首行缩进"、"度量值"为"0.8厘米";"段前"为"4磅"、"段后"为"3磅";"行距"设置值为"1.5倍行距";"对齐方式"为"居中"。

　　④ 单击"确定"按钮,返回文档窗口。

　　(4) 设置最后一段　将第一段的格式复制给最后一段,并为该段落加上绿色、宽度为3磅的实线边框,填充浅黄色的底纹。操作步骤如下:

　　① 选定第一段或把光标置于第一段中。

　　② 在"常用"工具栏上单击"格式刷"按钮,鼠标指针在文本区内变成带刷子的光标。

　　③ 单击最后一段,选定该段文本,在菜单栏上选择"格式"→"边框和底纹"选项,弹出"边框和底纹"对话框。

　　④ 在"边框"选项卡中选择绿色、3磅宽度的实线,单击"方框"按钮。

　　⑤ 在"底纹"选项卡中选择浅黄色,在"应用于:"中选择"段落",单击【确定】按钮。

　　若要将格式复制到多处,可双击"格式刷"。复制结束时按[Esc]键,使鼠标指针恢复正常。

　　2. 按照样式输入并编辑一份教案:

中班美术教案:五彩的报纸鱼

活动目标:

1. 能用报纸条卷曲固定成鱼的外形,并用彩纸设计、装饰花纹。

2. 尝试自主解决操作过程中出现的一些问题。

活动准备:

1. 经验准备:欣赏过"美丽的鱼",画过热带鱼,对鱼的外形特征、花纹色彩等有所了解。

2. 环境准备:报纸鱼范例一件;报纸、彩纸若干;双面胶、剪刀。

活动过程:

1. 观察范例

(1)"这是什么? 是用什么做的?"

(2)"怎样才能做成一条报纸鱼?"(报纸搓成纸条,卷成鱼的外形,用彩纸装饰鱼的眼睛、花纹、鱼鳍、鱼尾等)

教学建议:报纸鱼范例结构要完整,给幼儿制作提供外形装饰的暗示;操作猜想可了解幼儿的制作经验,便于示范时重点讲解。

　2. 示范讲解

(1) 报纸斜角卷起,搓成纸条,提示要搓紧,不然报纸条容易散开。

(2) 将报纸条卷曲,两头交错成鱼尾形状,用双面胶将交错部分黏合,鱼的外形初具雏形。

(3) 选择彩纸,剪成粗细、花纹可不同的条状,贴在鱼框内,可上下、左右斜角不同方向贴。

(4) 用彩纸剪成三角形、圆形或方形等不同形状的小块,贴在彩条上可作为鱼身上的花纹,贴在鱼框上可作为鱼鳍,贴在鱼尾部可装饰鱼尾。

教学建议：步骤(1)、(2)由教师示范，步骤(3)、(4)可不示范用讲解的方式，鼓励幼儿个性化的装饰方法。

3. 难题设想

(1) 教师手拿半成品报纸鱼："看看这条报纸鱼还少了什么？"（眼睛）

(2) "鱼的眼睛可以怎么做？"

(3) "报纸鱼的头部是镂空的，做好的眼睛怎么贴上去呢？"

教学建议：留意有新意的鱼眼睛制作方法，鼓励幼儿尝试；了解幼儿对镂空处粘贴的想法，帮助他们完善设想。

(4) 小结："关于鱼眼睛的粘贴有几个小朋友的想法非常好，可以先用细一些的纸条粘在鱼框上，横贴、竖贴都可以，再把鱼眼睛贴在纸条上；也可以剪眼睛时留出一段纸条，贴在鱼框的一边……"

4. 幼儿操作

(1) 操作要求：报纸条搓紧；卷好后用双面胶固定；鱼身上的花纹可以自己设计，花纹可多一些色彩；注意鱼鳍、鱼尾的装饰。

(2) 操作问题：试试看你会用哪种方式固定鱼眼睛？

(3) 幼儿操作：提示幼儿爱惜彩纸，剪下的彩纸碎片可以充分利用。

教学建议：提出操作要求时，教师再做一些动作演示帮助幼儿再次理解；巡回指导时留意幼儿设计花纹的新想法，鼓励幼儿把想法表现出来；留意固定鱼眼睛的新方法。

任务小结：

本小结的内容主要是考查对文档排版和字符的格式化操作，操作中注意数据输入之前的更改和输入之后的更改，如在输入内容在编辑之前可以先设置好具体的样式和格式，再输入。如已经输入了编辑的内容，则需要首先选择编辑的对象，它们各有优点和不足。

任务五 表 格 处 理

任务目标

能够通过表格的操作进行课程表设计和编辑以及对其他表格进行处理
了解表格的各种处理和表格数据的简单运算

知识讲解

Word 提供了强大的制表功能，除了能方便生成各种形式的表格外，Word 表格还具有数学计算和逻辑处理，以及根据表格生成统计图表的功能。

一、创建表格

Word 建立表格可单击常用工具栏上的"插入表格"按钮或使用"表格"菜单中的"插入表格"命令，具体操作步骤如下：

(1) 打开"表格"下拉菜单。

(2) 指向"插入"，选择"表格"命令，屏幕上出现如图 4-28 所示的"插入表格"对话框。

(3) 在"列数"、"行数"框中分别输入表格的列、行数，列宽可选择"自动"或输入具体的数值。

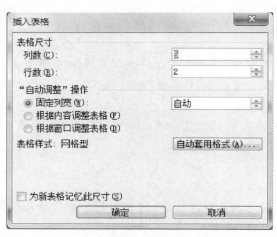

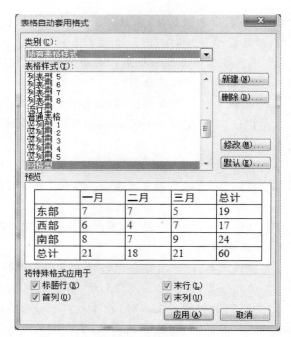

图 4-28 "插入表格"对话框　　　　图 4-29 选择表格格式

（4）如果需要，单击【自动套用格式】按钮，进入"表格自动套用格式"对话框，如图 4-29 所示，选择表格格式。

（5）单击【确定】按钮，即可在文档中插入表格。

二、表格的输入和编辑

1. 在单元格中输入内容

Word 中，表格的每个格子是一个单元格，每个单元格内包括一个结束标志。一个单元格相当于一个小文本框，可以单独地输入、编辑、格式化。在单元格中输入内容的具体操作步骤如下：

（1）单击指定的单元格，以选择单元格。

（2）输入文本内容，如果文本超出单元格宽度，将自行换行。

（3）重复上面的步骤，或利用[Tab]键，依次输入各单元格内容，完成整个表格的输入。

2. 表格内容的选择

对表格的编辑就是对表格中单元格内容的编辑。首先需要选择，选择某一个单元格中的部分内容，也可以选择整个单元格，还可以选择整行、整列或多个单元格。

（1）选择单元格中的部分或全部内容的具体操作步骤如下：

① 插入点定位于单元格中。

② 按下左键，拖动光标到需要的位置，释放左键。

（2）选择一个行中的所有单元格的具体操作步骤如下：

① 插入点定位到一行左侧的选择栏，光标变成右指空心箭头。

② 单击左键。

（3）选择一个列中的若干单元格的具体操作步骤如下：

① 括入点定位待选择列的第一个单元格中。

② 按住左键，拖动鼠标到待选择列的最后一个单元格中，释放左键。

（4）选择整个表的具体操作步骤如下：

① 插入点定位于表的左上角单元格内。

② 单击鼠标左键，拖动鼠标到列表的右下角单元格内，释放左键。

3. 复制单元格内容

对单元格中内容进行复制的具体操作步骤如下：

（1）选择需要复制的内容。

（2）按下[Ctrl]键，然后按下鼠标左键，拖动到一个新的位置，释放左键，则选择的内容被复制到新的位置上。

4．移动单元格内容

对单元格中内容进行移动的具体操作步骤如下：

（1）选择需要移动的内容。

（2）按下鼠标左键，拖动选择内容到新的位置，释放左键，则选择的内容移动到新的位置上。

5．删除单元格内容

删除单元格中的内容的具体操作步骤如下：

（1）选择需要删除的内容。

（2）单击[Del]键，则选择的内容被删除。

三、表格的调整

表格建立以后，Word 提供了许多调整表格本身格式的功能，使得用户可以方便地对表格进行调整。

1．修改单元格的宽度和高度

（1）可以利用鼠标拖动水平标尺栏中的列标记来改变列的宽度；拖动垂直标尺栏中的行标记来改变行的高度。具体操作步骤如下：

① 选择表格。

② 定位于水平标尺的指定的标记中，鼠标形状变成左右方向双箭头。

③ 按下鼠标左键并拖到新的位置，释放左键。

进行上面的操作时，改变的是鼠标定位处左侧的列的宽度，而右边各列的宽度在表的总宽度不变的情况下可按比例调整。

（2）如果配合使用[Shift]、[Ctrl]和[Alt]键，可以按不同的要求改变单元格的宽度和高度：

① 按下[Shift]键后拖动左右方向箭头，只调整鼠标定位处两侧列的宽度，其他各列及表的总宽度不变。

② 按下[Ctrl]键后，拖动左右方向箭头，在改变其左侧一列宽度的同时，右边所有列宽度调整是等宽的，并且表的总宽度不变。

③ 按下[Ctrl]和[Shift]键，拖动左右方向的箭头，则只调整其左侧一列的宽度，其他列的宽度不变，表的总宽度不会改变。

④ 按[Alt]键，拖动左右方向箭头，则拖动时标尺上将显示每列宽度值。

2．自由改变表格的大小与位置

在 Word 2003 中，可以像处理图形对象一样自由地改变表格的大小与位置，使得表格的编辑十分方便。鼠标指针移至表格对象范围后，在表格的左上角和右下角将分别出现一个调整位置的控点田和调整大小的控点口。鼠标拖动大小控点即可实现表格大小的控制，鼠标拖动位置控点即可实现表格位置的移动。如果将表格移动到文字范围内，即可产生文绕表格四周的排版效果。

3．插入单元格

可以在指定的位置上插入与所选择的单元格同数量、同大小的单元格。具体的操作步骤如下：

（1）选择要进行插入操作的单元格。

（2）单击"表格"，屏幕出现"表格"下拉菜单。

（3）指向"插入"，选择"单元格"命令，打开如图 4 - 30 所示的"插入单元格"对话框。

"左侧单元格右移"表示插入单元格后，原选定的单元格将右移；"活动单元格下移"表示插入单元格后，原选定的单元格将下移。

（4）单击【确定】按钮，即可完成单元格的插入。

4．插入整行或整列

Word 可以在指定位置插入一个整行或整列，也可以插入多行与多列。具体操作步骤如下：

（1）插入行具体操作步骤如下：

① 选择表格的若干行，要插入几行，就要选择几行。

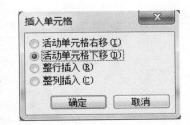

图 4 - 30 "插入单元格"对话框

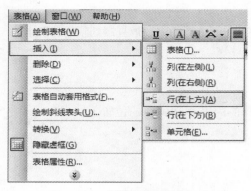

图4-31 在表格中插入行、列

② 单击"表格",屏幕出现"表格"下拉菜单,指向"删除"。

③ 进择"单元格"命令,打开如图4-32所示的"删除单元格"对话框。"右侧单元格左移"表示删除选择的单元格后,原来右边的单元格将左移;"下方单元格上移"表示删除选择的单元格后,原来下面的单元格将上移;"整行删除"表示删除选择单元格所在的整行;"整列删除"表示删除选择单元格所在的整列。

④ 单击【确定】按钮,即可删除相应的单元格。

6. 单元格的合并

单元格的合并是指将两个或多个单元格合成为一个单元格。

（1）选择需要合并的单元格。

（2）单击"表格",屏幕出现"表格"下拉菜单。

（3）单击"合并单元格"命令,即可合并所选择的单元格。

7. 单元格的拆分

单元格的拆分是指将一个单元格划分为两个或多个单元格。具体操作步骤如下:

（1）选择需要拆分的单元格。

（2）单击"表格",屏幕出现"表格"下拉菜单。

（3）单击"拆分单元格"命令,打开如图4-33所示的"拆分单元格"对话框,设定拆分后的栏数。

（4）单击【确定】按钮,即可完成单元格的拆分。

② 选择"表格"菜单上的"插入"命令,再选择"行（在上方）"或"行（在下方）",如图4-31所示。

（2）插入列具体操作步骤如下:

① 选择表格的若干列,要插入几列,就要选择几列。

② 选择"表格"菜单上的"插入"命令,再选择"列（在左侧）"或"列（在右侧）"。

5. 删除单元格、整行、整列

（1）删除单元格,会涉及表格其他栏的改变。

（2）需要在"删除单元格"对话框中进行选择。具体操作步骤如下:

① 选择若干单元格。

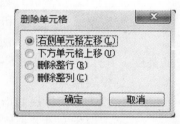

图4-32 "删除单元格"对话框

图4-33 "拆分单元格"对话框

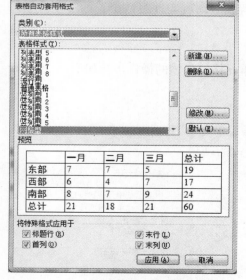

图4-34 "表格自动套用格式"对话框

四、表格自动套用格式

当表格建立完后,可以利用"表格自动套用格式"对表格进行修饰。此命令中预定义了许多表格的格式、字体、边框、底纹和颜色供用户选择,使得对表格的排版变得轻松、容易。具体操作为:

（1）将插入点移到要排版的表格内。

（2）单击"表格"菜单中的"表格自动套用格式"命令,打开"表格自动套用格式"对话框,如图4-34所示。

（3）在"表格样式"列表框内选定一种格式,可以在"预览"框中查看排版效果,满意后,按【确定】按钮即可。

（4）单击"将特殊格式应用于"选项组中相应的复选框,可以取消或应用表格格式中的设置项。

五、表格的数据计算与排序

1. 表格数据计算

表格的单元格用以字母表示的列和用数字表示的行来标识,

如 A1、A2、B1、B2 等。连续的单元格用半角冒号连接,不连续的单元格用半角逗号分隔,并且两种方法可以混合使用,如,SUM(A2:D2,F2,H2)。下面就以求和函数 SUM()和求平均值函数 AVERACE()为例,介绍 Word 2003 的表格数据计算方法。

利用公式计算总分和平均分,平均分保留 2 位小数。样张如图 4 – 35 所示。

姓名	语文	数学	英语	总分	平均分	名次
张三	78	89	82			
李四	80	86	75			
王五	68	79	78			
谢六	89	78	83			

图 4 – 35　样张

操作步骤如下:

(1) 将插入点定位在 E2 单元格,选择"表格"菜单下的"公式"命令,打开"公式"对话框,如图 4 – 36 所示,默认公式为"=SUM(LEFT)",LEFT 表示当前单元格左侧的所有数值参加运算,即将 E2 单元格对应行左侧单元格内的数字求和。单击【确定】按钮,E2 单元格显示求和结果为 249。

(2) 将插入点定位在 E3 单元格,选择"表格"菜单下的"公式"命令,"公式"对话框中的默认公式为"=SUM(ABOVE)",ABOVE 表示当前单元格以上的所有数值参加运算,修改该公式为"=SUM(LEFT)",单击【确定】按钮。

(3) 参照步骤(2),完成其余求和计算,如图 4 – 37 所示。

图 4 – 36　"公式"对话框

姓名	语文	数学	英语	总分	平均分	名次
张三	78	89	82	249		
李四	80	86	75	241		
王五	68	79	78	225		
谢六	89	78	83	250		

图 4 – 37　完成的求和结果

(4) 将插入点定位在 F2 单元格,选择"表格"菜单下的"公式"命令,在"公式"对话框中,删除默认公式等号右边的"SUM(LEFT)",单击"粘贴函数"下拉列表框,选择求平均值函数 AVERAGE(),在括号内输入计算范围"B2:D2";单击"数字格式"下拉列表框,选择要求的数字格式 0.00,如图 4 – 38 所示;单击【确定】按钮,F2 单元格显示平均值为 83.00。

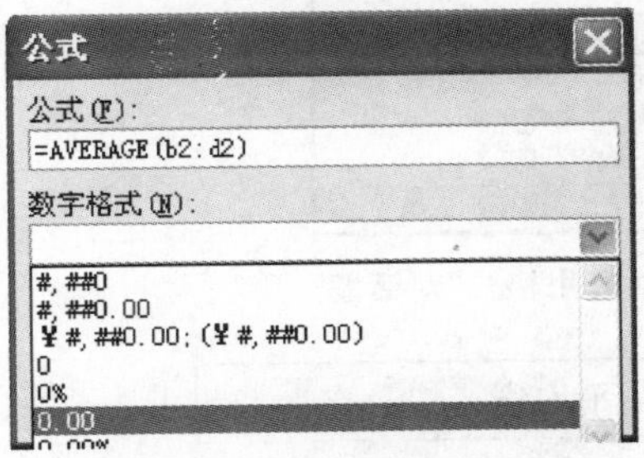

图 4 – 38　计算平均分的公式

姓名	语文	数学	英语	总分	平均分	名次
张三	78	89	82	249	83.00	
李四	80	86	75	241	80.33	
王五	68	79	78	225	75.00	
谢六	89	78	83	250	83.33	

图 4 – 39　计算平均分的结果

(5) 参照步骤(4),完成其余求平均值的计算,如图 4 – 39 所示。

在 Word 中常用的函数还有 ABS()、COUNT()、INT()、MIN()、MAX()等,其使用方法不再赘述。

2. 表格内容排序

Word 不仅具有对表格中的数据进行计算的功能,而且具有对数据排序的功能。可以按数字、笔画、拼音或日期的升序或降序进行排序。

操作步骤为：

（1）将插入点定位在表格中，选择"表格"菜单下的，"排序"命令，打开"排序"对话框，如图4-40所示；选择主关键字为"平均分"，类型为"数字"、"降序"；单击【确定】按钮。

（2）选定C2:G5连续单元格，选择"格式"菜单下的"项目符号和编号"命令，打开"项目符号和编号"对话框，在"编号"选项卡下选择编号格式，如图4-41所示，单击【确定】按钮，完成自动排名。

（3）选定并右键单击表格，如图4-42所示，在弹出的快捷菜单中选择"单元格对齐方式"选项，可自动打开"单元格对齐方式"面板，单击"中部居中按钮"（二），完成表格中文本对齐方式的设置。

（4）选定表格或将插入点定位在表格中，选择"表格"菜单下的"表格自动套用格式"命令，打开如图4-43所示的"表格自动套用格式"对话框，选择"表格样式"为"古典型2"，单击【应用】按钮。样张如图4-44所示。

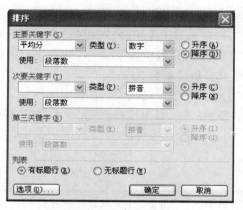

图4-40 "排序"对话框

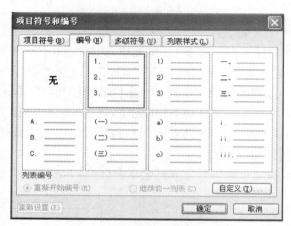

图4-41 "项目符号和编号"对话框

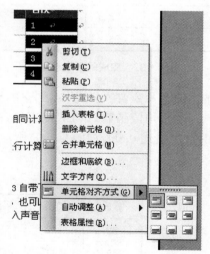

图4-42 "单元格"对齐方式面板

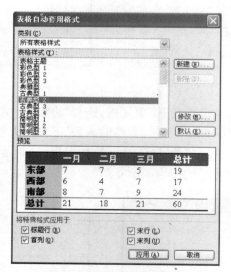

图4-43 "表格自动套用格式"对话框

姓名	语文	数学	英语	总分	平均分	名次
谢六	89	78	83	250	83.33	1
张三	78	89	82	249	83.00	2
李四	80	86	75	241	80.33	3
王五	68	79	78	225	75.00	4

图4-44 完成的样张

在操作中,若要选定多行单元格,可以选择"表格"菜单下的"插入"命令,单击"行"命令,可一次插入多行,插人多列的方法与此类似。由于 SUM 函数中自变量默认为 ABOVE,故此,常使用"表格和边框"的"自动求和"按钮自动完成求和运算。在对某单元格使用函数计算后,可复制计算结果(同时复制了所使用的函数),并粘贴到其他需要进行相同计算的单元格,按[F9]键更新域,即可完成批处理。也可以在公式栏中直接输入数学式进行计算。

 任务实训

1. 制作一个课表:

课程表(幼儿大班)

节次 科目 星期		星期一	星期二	星期三	星期四	星期五
上午	课前40分	体操	律动	体操	律动	体操
	1	语言	计算	语言	计算	语言
	2	社会	健康	社会	健康	计算
	3	绘画	剪纸	绘画	折纸	体育
下午	课前40分	游戏	体育锻炼	游戏	体育锻炼	游戏
	1	计算	语言	计算	语言	计算
	2	泥塑	唱歌	说话	唱歌	舞蹈
	3	舞蹈	折纸	体育	泥塑	剪纸

步骤:
(1)创建一个10行7列的表格。
(2)将放置上午、下午上午下午分隔处的单元格合并。
(3)将第一行第1列和第2列的单元格合并。
(4)输入表格中的文本和数字。
(5)设置表格中的数字和文本的对其方式。
(6)设置第一个单元格的斜线表头。
2. 对1中的课程表进行编辑和美化
设置表格的样式和设置相应的行列文本样式

任务小结:
本任务的主要内容是表格的编辑和设置以及美化等,之中有表格的合并、拆分、表格数据的计算等。

任务六 图 文 混 排

 任务目标

Word 图文混合排列的基础知识

Word 制作小报和海报等

知识讲解

Word 2003 支持图文混排,可以轻松制作出图文并茂的文档。Word 2003 自带了剪贴画库和处理图形的功能,利用这些功能,既可在文档中插入已有图片,也可以直接在文档中绘图。Word 2003 还支持直接从扫描仪中获取图像,并能在文档中插入声音、视频剪辑。

一、插入图形

在 Word 中,可以通过多种途径在文档的任意位置插入多种格式的图片文件,可以从剪辑库中插入剪贴画,可以从其他位置插入图片文件,也可以插入来自扫描仪和数码相机的图片。

1. 插入剪贴画

Word 提供了一个剪贴画库,其中包含了大量的图片,用户可以很容易地将它们插入到文档中。方法是:

(1) 将插入点定位在要插入剪贴画的位置。

(2) 选择"插入"→"图片"→"剪贴画"命令,弹出如图 4 - 45 所示的"剪贴画"任务窗格。

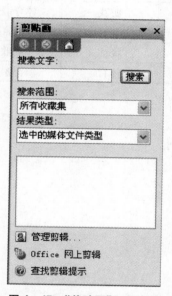

图 4 - 45 "剪贴画"任务窗格

图 4 - 46 搜索剪贴画的结果

(3) 单击"搜索"按钮搜索所有剪辑。搜索结果将显示在"结果"区中,如图 4 - 46 所示。单击所需剪贴画,即可将其插入到文档中。

用户可以在"搜索文字"文本框中键入描述所需剪辑的单词或短语(如"人物"),或键入剪辑的全部或部分文件名,以搜索指定的剪辑。若要将搜索结果限制为剪辑的特定集合,在"搜索范围"下拉列表中选择要搜索的集合。若要将搜索结果限制为特定的媒体文件类型,在"结果类型"下拉列表中选中要查找的剪辑类型。

2. 插入图片文件

Word 中还可以直接插入来自另一个文件的图片,方法如下:

(1) 将插入点定位在要插入图片的位置。

(2) 选择"插入"→"图片"→"来自文件"命令,弹出如图 4 - 47 所示的"插入图片"对话框。

(3) 在"查找范围"下拉列表中选择包含所需图片的文件夹,在其下的列表框中选择所需图片文件,然后单击【插入】按钮。

图 4-47 "插入图片"对话框

二、设置图形格式

插入图片或剪贴画后,用户可以通过"图片"工具栏按钮或"设置图片格式"对话框来设置图片格式,如调整图片的大小、改变图片的位置、设置图片的环绕方式、裁剪图片等。

单击要编辑的图片,图片的四周会出现 8 个尺寸控点,同时显示"图片"工具栏。如果没有显示"图片"工具栏,可右键单击该图片,在弹出的快捷菜单中选择"显示图片工具栏"命令。

1. 改变图片大小

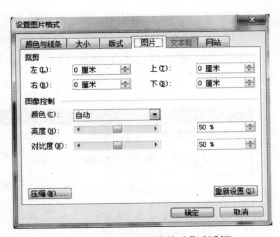

单击要缩放的图片,将鼠标指针指向图片四周的尺寸控点,当鼠标指针变成双向指向的箭头时,按住鼠标左键拖动,出现的虚线框表示缩放的大小,释放鼠标完成缩放。

拖动四角上的任一尺寸控点时按比例缩放,拖动四边上的任一尺寸控点时改变的是图片的高度或宽度。

要精确设置图片大小,可单击"图片"工具栏上的"设置图片格式"按钮,在弹出的"设置图片格式"对话框中的"大小"选项卡中进行设置,如图 4-48 所示。

图 4-48 "设置图片格式"对话框

2. 裁剪图片

裁剪图片不改变图片的大小,只是将图片不需要显示的部分隐藏起来。首先单击要裁剪的图片,然后单击"图片"工具栏上的"裁剪"按钮 ,将鼠标指针指向图片的某个尺寸控点,鼠标指针变为裁剪形状,此时按住鼠标左键向图片内部拖动,可以隐藏图片的部分区域。向图片外部拖动,恢复被裁剪的部分或增大图片周围的空白区域。

用户也可以在"设置图片格式"对话框中单击"图片"选项卡,在该选项卡中的"裁剪"选项组中,设置从左、右、上、下 4 个方向裁剪的具体数值。

3. 设置图片的图像属性

图片的图像属性包括图片的颜色效果、亮度和对比度。单击要设置图像属性的图片,然后单击"图片"工具栏上的"颜色"按钮,可将图片设置为"自动"、"灰度"、"黑白"和"冲蚀"效果。单击"增加对比度"按钮 或"降低对比度"按钮 ,调整图片的对比度。单击"增加亮度"按钮 或"降低亮度"按钮 ,调整图片的亮度。

用户也可以在"设置图片格式"对话框中单击"图片"选项卡,然后在该选项卡中的"图像控制"选项组中进行设置。

三、图片与文本的位置

图片与文本的位置包含有 5 种版式:嵌入型、四周型、紧密型、衬于文字下方和浮于文字上方,可以根据文档的要求设置不同的版式。图文混排的具体操作步骤如下:

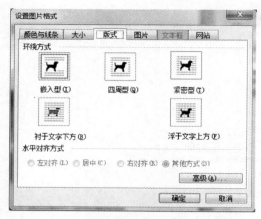

图 4-49　设置图片格式对话框中的"版式"选项卡

(1) 如果图片不在绘图画布中,选择图片。如果图片在绘图画布中,则选择画布。

(2) 单击"图片"工具栏上的"文字环绕"按钮 ▧。

(3) 在下拉列表中选择"上下型环绕"命令,如图 4-49 所示。注意,选中非嵌入型图片时,其外观与嵌入型不同,控点为空心圆,图片上方多了一个绿色的旋转控点,可拖动旋转图片。

(4) 将图片移至文本中的合适位置,这时文本环绕在图片的四周。

另外,也可以双击图片,打开"设置图片格式"对话框,在"大小"选项卡中,可以精确缩放图片;在"版式"选项卡中,可以设置环绕方式,在"图片"选项卡中,可以精确裁剪图片。

四、插入艺术字

艺术字是由用户创建的、带有预设效果的文字对象。插入艺术字的具体操作步骤如下:

(1) 在"插入"→"图片"→"艺术字"命令中,打开"艺术字库"对话框,如图 4-50 所示。

(2) 单击所需的艺术字效果,再单击【确定】按钮,打开"编辑'艺术字'文字"对话框,输入文字内容,如图 4-51 所示。

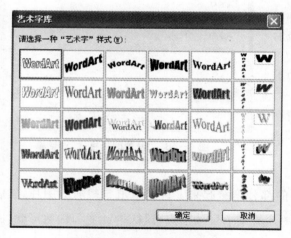

图 4-50　"艺术字库"对话框

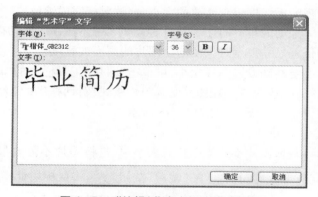

图 4-51　"编辑'艺术字'文字"对话框

(3) 在"字体"下拉列表中选择一种字体,在"字号"列表中选择一种字号。若要使文字加粗,单击"加粗"按钮。若要使文字倾斜,单击"倾斜"按钮。

(4) 单击【确定】后,将按要求生成艺术字图形对象,如图 4-52 所示。可以在"艺术字"工具栏上单击"文字环绕"按钮,设置环绕方式。

(5) 在"艺术字"工具栏上,单击"艺术字形状"按钮,可以选择其他艺术字形状。双击艺术字对象,可在"编辑'艺术字'文字"对话框中更改文字内容。

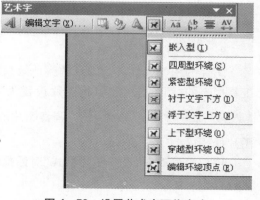

图 4-52　设置艺术字环绕方式

五、插入文本框

文本框是可移动、可调大小的存放文字或图形的容器,主要用于设计复杂版面。当需在一页上放置数个文字块,或使文字块按与文档中其他文字块不同的方向排列时,可以通过插入文本框进行编排。插入文本框的具体操作步骤如下:

(1) 在"插入"菜单中,选择"文本框"中的"横排"(或"竖排")命令。

(2) 在文档中需要插入文本框的位置单击或拖动鼠标。这时会在其周围显示绘图画布,如图 4-53 所示,也可以将文本框从画布上拖出,不在画布中的文本框如图 4-54 所示。

图 4-53 画布中的文本框

图 4-54 不在画布中的文本框

也可以先选中需要放入文本框中的文字,然后插入文本框,直接把文字放入文本框中。

(3) 用"剪切"和"粘贴"按钮将所需项目插入到文本框中。

(4) 右击文本框,从快捷菜单中选择"设置文本框格式"命令,在"设置文本框格式"对话框中设置"版式"、"颜色与线条"等选项卡,如图 4-55 所示。

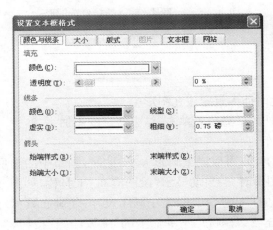

图 4-55 "设置文本框格式"对话框

要更改文本框内文字的方向,可单击"常用"工具栏中的"更改文字方向"按钮 ,把横排的文本框变成竖排,或者相反。

另外,如果在创建对象时不需要自动建立画布,可从"工具"菜单中选择"选项"命令,在"常规"选项卡中取消选中"插入自选图形时自动创建绘图画布"复选框。

六、绘制图形

Word 2003 提供了强大的绘图功能,用户可以利用"绘图"工具栏在文档中自由绘制各种图形,并可为绘制的图形设置所需的图形格式(颜色、边框、图案、三维效果等)。要使用绘图功能,需切换到"页面视图"或"Web 版式视图"下。

在 Word 2003 中,使用绘图功能时,默认会打开一个绘图画布。绘图画布是一个区域,用户可以在此区域中绘制多个图形,包含在绘图画布中的图形可以作为一个整体移动、缩放、删除、设置环绕方式。要取消自动创建画布,则选择"工具"→"选项"命令,在弹出的"选项"对话框中单击"常规"选项卡,取消该选项卡中选中的"插入自选图形讨自动创建画布"复选框。

1.绘制自选图形

Word 2003 提供了一系列现成的图形,如矩形等基本图形、各种线条和连接符、箭头总汇、流程图、星与旗帜、标注等,利用"绘图"工具栏用户可以很容易地绘制出这些图形,并可以将多个图形组合成更复杂的图形。

单击"常用"工具栏上的"绘图"按钮,使如图 4－56 所示的"绘图"工具栏显示在编辑窗口的底部。此时,可按如下步骤绘制图形:

(1)单击"绘图"工具栏上的"自选图形"按钮,在弹出的快捷菜单中选择需要的图形类别,然后在弹出的子菜单中选择所需的图形,如图 4－57 所示。此时鼠标指针变为十字形。

(2)将鼠标指针移到要插入自选图形的位置,按住鼠标左键拖出所需图形到合适大小,释放鼠标左键。要绘制正多边形(如正方形)则需在拖动时按住[Shift]键。

图 4－56　"绘图"工具栏	图 4－57　选择自选图形

2.在图形中添加文字

用户可以在封闭的图形中添加文字,方法如下:

(1)右键单击要添加文字的图形。

(2)在弹出的快捷菜单中选择"添加文字"命令,此时插入点定位在图形中。

(3)输入所需文字,设置文字格式,然后在图形以外的任意位置单击,结束文字的添加。

3.调整绘图画布

图 4－58　"绘图画布"工具栏

拖动画布四周的控点可以调整画布大小,此时,画布中的图形大小不变。在画布中编辑图形时,会自动显示"绘图画布"工具栏,如图 4－58 所示。单击该工具栏上的"调整"按钮,缩小画布尺寸,使画布紧紧环绕在其中的图形周围。单击"绘图画布"工具栏上的"缩放绘图"按钮,然后用鼠标拖动画布四周的尺寸控点调整画布大小,此时,画布中的图形作为一个整体随画布缩放。

4.设置自选图形格式

(1)设置线型　单击"绘图"工具栏上的"线型"、"虚线线型"和"箭头样式"按钮,在其关联的快捷菜单中选择所需的线型、虚线线型和箭头类型,可以设置线条的粗细、虚实和样式。

(2)设置填充效果　绘制的自选图形默认以白色填充,要设置其他填充效果,则选中该图形,然后单击"绘图"工具栏上的"填充颜色"按钮右侧的向下箭头,在弹出的颜色列表中选择所需的颜色。若要以渐变颜色、纹理、图案、图片填充,则选择"填充效果"项,然后在弹出的如图 4－59 所示的"填充效果"对话框中设置。

(3)设置阴影和三维效果　选定图形,单击"绘图"工具栏上的"阴影"按钮和"三维效果"按钮,在其弹出的列表中选择所需的阴影效果和三维效果,效果如图 4－60 所示。

5.设置图片的叠放次序

插入到文档中的图片可以一个压一个地叠放在一起,当多个图形叠放在一起时,上面的图形就会遮挡下面的图形,用户可通过右键单击图形,在弹出的快捷菜单中选择"叠放次序"命令,然后在其子菜单中选择相应的命令来调整图片间的叠放次序,以设置出不同的叠放效果。

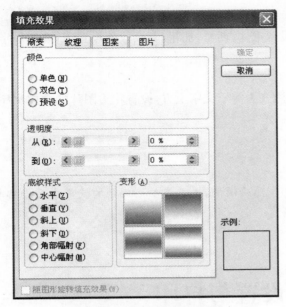

图 4-59 "填充效果"对话框

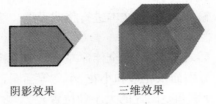

阴影效果　　　　　三维效果

图 4-60　阴影和三维效果示例

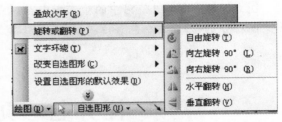

图 4-61　"旋转或翻转"菜单

6. 旋转与翻转图形

选定图形,图形顶部会出现一个旋转控点(绿色的小圆圈),用鼠标指针指向该控点,鼠标指针变为箭头线围成的圆形,此时按住鼠标左键顺时针或逆时针方向拖动,即可自由旋转图形。

另一种方法是:单击"绘图"工具栏上的"绘图"按钮右侧的向下箭头,在弹出的快捷菜单中选择"旋转或翻转"项,然后在其子菜单中选择相应的翻转命令,即可实现图形的翻转,如图 4-61 所示。

7. 组合图形

在 Word 中可以将几个图形组合成一个图形,也可以将组合好的图形再拆分成原来的多个单独图形。要将多个图形组合成一个图形,首先按住[Shift]键,依次单击要组合的图形,然后单击"绘图"工具栏上的"绘图"按钮,在弹出的快捷菜单中选择"组合"命令即可。

要取消图形的组合,只需右键单击该图形,在弹出的快捷菜单中选择"组合"→"取消组合"命令即可。

 任务实训

根据样张设计并制作一份 Word 小报,要求主题鲜明,内容充实,可以自选题材。

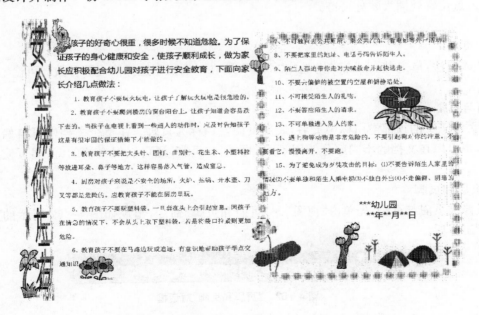

简要制作步骤：

（1）输入文本，对文本进行格式设置。第一段文字设置宋体，四号，加粗，其余段落设置宋体，四号字，单倍行距；

（2）插入艺术字"安全伴你左右"，竖排样式；

（3）分别插入花边和小花、小鸟等插图，设置图片的版式为浮于文字上方，设置花边图片的叠放次序：置于底层，分别调整图片的大小和位置。

任务小结：

图文混排是 Word 使用中的难点和重点，也是应用较为广泛的，尤其在幼儿教师的使用中几乎都与图文混排分不开，图文中包含位图、自绘图形、文本框等。

任务七　页面设置与打印

任务目标

能对文本进行页面和打印的设置

知识讲解

文档处理完成之后，往往要打印出来，以纸张的形式保存或传达。

一、插入分页符

默认情况下，当输入的文本或插入的图形满一页时，会自动换页，并且会在文档中插入一个软分页符，在普遍视图中会显示出一条单点线。对文档进行编辑或改变页面格式时，Word 会自动调整页面。

要在某处强行分页，可插入硬分页符。单击"插入"→"分隔符"命令，选择分页符选项，单击【确定】按钮，即可在插入点位置处插入硬分页符。

二、插入页码

页码的插入方法：单击"插入"菜单并选定"页码"项，在对话框中选择恰当的参数即可。

三、页眉与页脚

Word 将页面正文的顶部空白称为页眉，底部页面空白称为页脚。在整个文档中可自始至终使用相同的页眉、页脚，也可以在文档的不同部分使用不同的页眉和页脚，还可以对文档的奇、偶页使用不同的页眉和页脚。

1. 设置页眉和页脚

要创建或修改页眉与页脚，先单击"视图"→"页眉和页脚"命令，出现如图 4－62 所示的页届编辑区和"页眉和页脚"工具栏。

图 4－62　"页眉和页脚"对话框

然后在虚线框中输入文字,插入页码、页数、日期、时间等内容。"页眉和页脚"工具栏中的各项功能如下:

(1) 插入自动图文集　在页眉或页脚中插入自动图文集词条。

(2) 插入页码　在页眉或页脚中插入自动更新的页码。

(3) 插入页数　在页眉或页脚中插入文档的总页数。

(4) 页码格式　打开"页码格式"对话框,以便设置页码的格式,如图4-63所示。

(5) 插入日期　在页眉或页脚中插入当前日期。

(6) 插入时间　在页眉或页脚中插入当前时间。

(7) 页面设置　打开"页面设置"对话框。

(8) 显示/隐藏文档文字　在编辑页眉或页脚时,显示或隐藏文档的正文。

图4-63 "页码格式"对话框

(9) 同前　控制当前节的页眉或页脚是否要与前一节相同。若文档只有一节,该功能失效。

(10) 在页眉和页脚间切换　插入点在页眉和页脚间切换。

(11) 显示前一项　将插入点移到上一页眉或页脚。

(12) 显示下一项　将插入点移到下一页眉或页脚。

2. 页眉与页脚的编辑和修改

页眉与页脚的编辑与文档的编辑方法完全相同。只要用鼠标双击页眉(或页脚)区内的任一点,则进入页眉和页脚显示方式,光标移至页眉(或页脚)区内,此时可以编辑或修改所需要的文字、表格、图形等信息。当编辑完毕后单击【关闭】按钮,则可返回到文档编辑区内。

注意:在普通视图模式下不显示页眉和页脚。

四、文档分节

节用于确定页面设置的有效范围。当文档中的页面设置根据内容不同而有所区别时,就需要分节,用节在一页之内或两页之间改变文档的布局。

在对文档进行页面设置(如插入页码、分栏、页眉/页脚等)操作时,默认是对插入点所在节进行操作。因此,将插入点定位于不同的节,就可以为该节设置独立的页面格式。如果文档没有分节,则页面设置将对整个文档进行操作。

插入分节符即可将文档分成几节,然后根据需要设置每节的格式。插入分节符的操作方法如下:

(1) 将插入点定位于需要分节的位置。

(2) 打开"插入"菜单,执行"分隔符"命令,打开"分隔符"对话框,如图4-64所示。

(3) 选择分节符的类型。

① 选择"下一页",插入分节符并分页,使下一节从下一页顶端开始。

② 选择"连续",插入分节符并立即开始新节,不插入分页符。

③ 选择"偶数页",插入分节符,下一节从下一偶数页开始。如果分节符位于偶数页,Word会将下一奇数页留为空白。

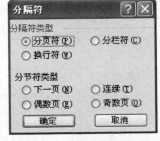

图4-64 "分隔符"对话框

④ 选择"奇数页",插入分节符,下一节从下一奇数页开始。如果分节符位于奇数页,Word会将下一偶数页留为空白。

(4) 设置完毕,单击【确定】。

五、页面设置

要进行文档的打印,就必须正确地设置页面的属性,例如纸型、方向、页边距、页面分栏和页眉页脚等,然后才能将文档中的正文和图形输出到纸张的正确位置上,从而达到排列整齐、美观实用的效果。在打印前,用户还可以先预览打印效果。

1. 页边距

页面设置包括纸张大小、页边距、页眉页脚的位置、每页行数、每行字符数及某些打印位置。Word 默认的纸张大小是 A4，其宽度为 21 厘米，高度为 29.7 厘米。左右边距为 3.17 厘米，上下边距为 2.54 厘米。若想更改这些设置，可单击"文件"→"页面设置"命令，打开如图 4-65 所示的"页面设置"对话框。

（1）在该对话框中，可以改变上、下、左、右的页边距和页眉页脚距边界的距离以及装订线的位置等。

（2）要在纸的双面打印，为使两面的页边距相等，可以选中"对称页边距"复选框，此时左、右边距变为内侧与外侧。

（3）如果要将页面分为上下两部分，以便中间折叠装订，可以选中"拼页"复选框。

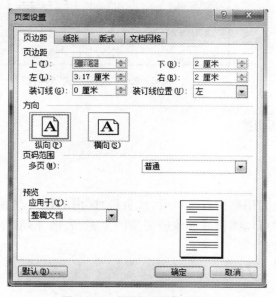

图 4-65 "页面设置"对话框

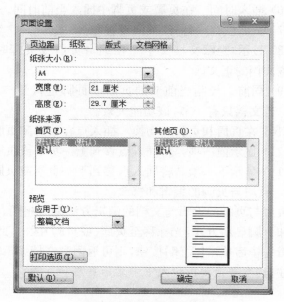

图 4-66 "纸张"选项卡

2. 纸张

在"页面设置"对话框中，选择"纸张"选项卡，如图 4-66 所示。

（1）在纸型列表框中选择所需的纸型，也可在高度和宽度对话框中输入自定义的数值。

（2）若打印机只能打印 A4 的纸张，而又想打印较宽的文档，可在"页边距"中选择"横向"打印。

3. 纸张来源

纸张来源包括"默认纸盒"、"传纸器"和"手动送纸"等选项，用户可根据自己的实际情况进行选择，一般选择"默认纸盒"。

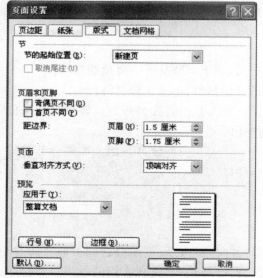

图 4-67 "版式"对话框

4. 版式

在"页面设置"对话框中，选择"版式"选项卡，如图 4-67 所示。在该对话框中可设置有关页眉与页脚、垂直对齐方式以及行号、页边框等。

在"节的起始位置"列表框中选定开始新的一节同时结束前一节的位置，默认为"新建页"（新建文档时才新建节，整个文档为一节）。关于节的概念请参见"文档分节"。

翻开一本书，可以发现奇偶页的页眉是不一样的，可通过选择"奇偶页不同"来分别设置。

垂直对齐方式是指整页的对齐方式。例如，文档中只有几行文本，要想将这几行文本打印在页的中间，可以选择"居中"。

行号是指在每一行的左边显示行的编号，但表格、脚注、文本框、页眉及页脚不参与编号。单击【行号】按钮，出现如图 4-68 所示的"行号"对话框。

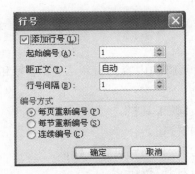

图 4-68　"行号"对话框

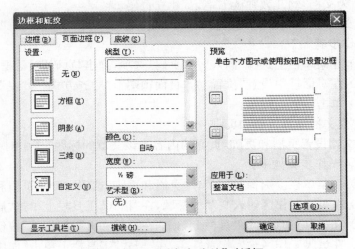

图 4-69　"边框与底纹"对话框

选择"添加行号"复选框即可设置起始编号、编号显示位置、行号间隔及编号方式,清除"添加行号"复选框即可取消行号。

"页边框"可以为表格或段落的四周或任意一边添加边框,也可以为文档页面的四周或任意一边添加边框。先选择段落或表格,在"格式"菜单中点击"边框与底纹",出现如图 4-69 所示的"边框与底纹"对话框。用户也可以单击"格式"→"边框与底纹"命令调出该对话框。与其他边框不同的是,页面边框可以选择一种艺术型框,使文档更加美观。

5. 文档网格

在页面设置中,还有一项"文档网格",利用该项功能,可以在页面上显示网格,并可设置每行的字符数和每页的行数,通过该功能也能起到调整字符间距和行间距的作用。

六、文档的输出预览

在打印之前可通过"打印预览"来浏览打印效果,事先了解一下打印出来的效果,以决定是否打印。在打印预览中,也可以编辑文档。

单击常用工具栏上的"打印预览"按钮,则屏幕上呈现打印预览窗口,同时出现"打印预览"工具栏。通过这个工具栏上的按钮来调整文档的边界及设置单页、双页或多页显示。

当预览一页时,为了尽可能多地显示文本,可以隐藏标题栏、菜单栏等。还可以用鼠标单击"全屏显示"工具按钮,整个屏幕都用于显示页面内容。要恢复原样,可单击"关闭全屏显示"按钮。

如果在预览中发现某处有错误需要编辑,可以单击"打印预览"工具栏中的"放大镜"按钮,鼠标指针将由放大镜变成 I 形。此时,可以直接修改文档内容。

七、文档的输出

文档的输出方法:打开"文件"菜单并选定"打印"项,在"打印"对话框中作相应的设置后单击【确定】按钮。

 任务实训

1. 设置文档"幼儿教师读书笔记"的页面

将文档的页面设置为 16 开纸,正文与纸边的距离上、下各为 2.5 cm,左、右各为 2 cm。操作步骤如下:

(1) 在菜单栏上选择"文件"→"页面设置"选项,弹出"页面设置"对话框。

(2) 在"纸张"选项卡中设置"纸张大小"为"16 开",在"页边距"选项卡中设置"上"、"下"各为"2.5 厘米","左"、"右"各为"2 厘米"。

(3) 单击【确定】按钮。

2. 为文档"幼儿教师读书笔记"建立页码

为文档建立页码,页码位置在页面的左上角。

操作步骤如下:

(1) 在菜单栏上选择"插入"→"页码"选项,弹出"页码"对话框。

(2) 在对话框中设置"位置"为"页面顶端","对齐方式"为"左"。

(3) 单击【确定】按钮。

3. 为文档设置页眉和页脚

为文档设置页眉和页脚,页眉的内容为该文章的标题,居中对齐;页脚的内容为班级名称、学号和姓名,右对齐。操作步骤如下:

(1) 在菜单栏上选择"视图"→"页眉和页脚"选项,弹出"页眉和页脚"工具栏。

(2) 在页眉工作区输入文章的标题,在"格式"工具栏上单击"居中"按钮。

(3) 在"页眉和页脚"工具栏上单击"在页眉和页脚间切换"按钮,光标移动到页脚工作区。

(4) 在员脚工作区输入作者姓名,在"格式"工具栏上单击"居中右对齐"按钮。

(5) 在"页眉和页脚"工具栏上单击"关闭"按钮。

任务小结:

本任务的重点是设置页面的相关内容:纸张、页眉、页脚以及页码等。

 综合实训

输入如下文字,按要求进行排版:

要求及制作步骤如下:

(1) 标题为艺术字,艺术字式样为"第二行第三列"的式样,艺术字形状为自选。

(2) 正文第目标段:华文行楷,三号,绿色,首行缩进2个字符。

(3) 正文第儿歌部分:隶书,三号,金色,首行缩进2个字符。

(4) 在第目标段中加入竖排文本框,双线型,4.5磅,橘黄色,文本框内文字为华文行楷,三号,红色;

(5) 文本框环绕方式:四周环绕。

(6) 分栏:正文第儿歌和要求部分分两栏,加分隔线。

(7) 在文档中插入一幅图片,颜色为冲蚀,环绕方式为衬于文字下方,并为该图片加边框,线型为双线型,6磅,红色。

(8) 加入插图。

思考与练习

一、判断题

1. Word 窗口和文档窗口可分为两个独立的窗口。（　　）
2. 移动、复制文本之前需先选定文本。（　　）
3. 选择矩形文本区域需要按［Shift］＋［F8］键进行切换。（　　）
4. 删除文本后，单击"撤销"按钮，将恢复刚才被删除的内容。（　　）
5. 按［Delete］键只能删除插入点右边的字符。（　　）
6. 执行菜单"工具"→"自定义"命令，可显示/隐藏工具栏。（　　）
7. 为了防止因断电丢失新输入的文本内容，应经常执行"另存为"命令。（　　）
8. 在文档内移动文本一定要经过剪贴板。（　　）
9. 执行"保存"命令不会关闭文档窗口。（　　）
10. 执行菜单"格式"→"制表位"命令，打开"制表位"对话框，可在其中设置、消除制表位。（　　）

二、单选题

1. 在 Word 的主窗口中，用户（　　）。
   A．只能在一个窗口中编辑一个文档
   B．能够打开多个窗口，但它们只能编辑同一个文档
   C．能够打开多个窗口并编辑多个文档，但不能有两个窗口编辑同一个文档
   D．能够打开多个窗口并编辑多个文档，也能有多个窗口编辑同一个文档
2. 下列操作中，不能建立另一个文档窗口的是（　　）。
   A．选择"窗口"菜单中的"新建窗口"项　　　B．选择"插入"菜单中的"文件"项
   C．选择"文件"菜单中的"新建"项　　　　　D．选择"文件"菜单中的"打开"项
3. 将鼠标指向菜单栏（或"常用"工具栏、"格式"工具栏），（　　），显示工具栏列表，选中"艺术字"项，出现
   "艺术字"工具栏。
   A．单击鼠标左键　　　B．单击鼠标右键　　　C．双击鼠标左键　　　D．双击鼠标右键
4. 在未选中艺术字时，"艺术字"工具栏中仅（　　）按钮有效。
   A．插入艺术字　　　　B．编辑文字　　　　C．艺术字库　　　　D．艺术字形状
5. 插入艺术字时，将自动切换到（　　）视图。
   A．大纲　　　　　　　B．页面　　　　　　　C．打印预览　　　　D．Web 版式
6. 编辑艺术字时，应先切换到（　　）视图选中艺术字。
   A．大纲　　　　　　　B．页面　　　　　　　C．打印预览　　　　D．普通
7. 如果要重新设置艺术字的字体，执行快捷菜单中的（　　）命令，打开"编辑'艺术字'文字"对话框。
   A．编辑文字　　　　　B．艺术字格式　　　　C．艺术字库　　　　D．艺术字形状
8. 如果要将艺术字"学习中文版 Word"更改为"学习 MS Office"，执行快捷菜单中的（　　）命令，打开"编
   辑'艺术字'文字"对话框。
   A．编辑文字　　　　　B．艺术字格式　　　　C．艺术字库　　　　D．艺术字形状
9. 如果要将艺术字对称于中心位置进行缩放，需在按住（　　）键的同时拖动鼠标。
   A．Enter　　　　　　　B．Shift　　　　　　　C．Ctrl　　　　　　　D．Esc
10. 执行快捷菜单中的（　　）命令，可为选中的艺术字填充颜色。
    A．设置艺术字格式　　B．艺术字库　　　　　C．编辑文字　　　　D．艺术字形状
11. 对于已执行过存盘命令的文档，为了防止突然断电丢失新输入的文档内容，应经常执行（　　）命令。
    A．保存　　　　　　　B．另存为　　　　　　C．关闭　　　　　　D．退出
12. 对于打开的文档，如果要作另外的保存，需执行（　　）命令。
    A．复制　　　　　　　B．保存　　　　　　　C．剪切　　　　　　D．另存为
13. 对于正在编辑的文档，执行（　　）命令，输入文件名后，仍可继续编辑此文档。

A．退出　　　　　　　B．关闭　　　　　　　C．保存/另存为　　　　D．撤销

14. 对于新建的文档,执行"保存"命令并输入新文档名(如"LETTER")后,标题栏显示(　　　)。

A．LETTER

B．LETTER.doc 或 LETTER

C．文档 1

D．DOC

15. Word 文档默认的扩展名为(　　　)。

A．txt　　　　　　　B．doc　　　　　　　C．wps　　　　　　　D．bmp

16. 对于已经保存的文档,又进行编辑后,再次执行(　　　)命令,不会出现"另存为"对话框。

A．保存　　　　　　　B．关闭　　　　　　　C．退出　　　　　　　D．另存为

三、填空题

1. 选定文本后,拖动鼠标到需要处即可实现文本块的移动;按住_____键的同时拖动鼠标到需要处即可实现文本块的复制。

2. 在 Word 文档编辑窗口中,设光标停留在某个字符之前,当选择某个样式时,该样式就会对当前_____作用。

3. 设置页边距最快速的方法是在页面视图中拖动标尺。对于左、右边距,可以通过拖动水平标尺上的左右缩进滑块进行设置;要进行精确的设置,可以在按住_____键的同时作上述拖动。

4. 在设置段落的对齐方式时,要使两端对齐,可使用工具栏上的_____按钮;要左对齐,使用工具栏上的_____按钮;要右对齐,可使用工具栏上的_____按钮;要居中对齐,可使用工具栏上的_____按钮。

5. 要想自动生成目录,在文档中应包含_____样式。

6. 要建立表格,可以单击工具栏上的_____图标按钮,并拖动鼠标选择行数和列数;还可以通过_____菜单中的"插入"→"表格"命令来选择行数和列数。

7. 打印文档的快捷键是_____。

8. 打开 Word 窗口,选择文本格式并输入文本,操作方法如下:

(1) 单击任务栏中的"开始"菜单按钮,选择_____,打开 Word 窗口。

(2) 单击"格式"工具栏中_____下拉式列表右边的倒三角形按钮,选择小四号字;单击_____下拉式列表右边的倒三角形按钮,选择楷体。

模块五 COMPUTER

中文版 Excel 2003 的应用

模块简介：

  Excel 是 Microsoft 公司推出的办公软件 Office 中的一个重要组成成员，也是目前最流行的电子表格处理软件之一。它具有强大的计算、分析和图表等功能，是最常用的办公数据表格软件，在教学领域的应用也特别广泛。

学习目标：

- 掌握 Word 的启动与退出
- 掌握文档的创建、打开与保存
- 掌握 Excel 2003 的启动与退出方法
- 掌握利用 Excel 2003 创建工作表的方法
- 掌握工作表中公式与常用函数的使用方法
- 掌握工作表的编辑、格式设置方法
- 掌握数据的排序、筛选
- 掌握图表的制作和编辑方法
- 掌握工作表的页面设置与打印方法

任务一   Excel 2003 基础

 任务目标

Excel 2003 的启动和退出的方法
Excel 2003 的界面及其工作表和工作簿等基本概念
熟悉 Excel 2003 窗口结构

知识讲解

一、Excel 2003 的启动和退出

Excel 2003 是在 Windows 操作系统中运行的一个应用软件,它的启动方式与其他的应用软件相近。

1. 启动 Excel 2003

单击左下角的【开始】按钮,移动鼠标指针到"程序"项上,程序子菜单出现,如图 5-1 所示,单击"Microsoft Office Excel 2003"选项,启动 Excel 2003。

图 5-1　启动 Excel 2003

2. 退出 Excel 2003

完成工作后要退出 Excel,可以单击屏幕右上角的 ![X] 按钮,也可以单击"文件"菜单中的"退出",还可以双击屏幕左上角的控制符号,就能够退出 Excel。若尚未存盘,就会弹出一个对话框,如图 5-2 所示,单击【是】,则本次修改被保存;单击【否】,则不保存任何修改;单击【取消】,则返回原界面。

图 5-2　提示保存对话框

二、Excel 2003 的工作窗口

启动 Excel 2003 时,将出现如图 5-3 所示的工作界面,由标题栏、菜单栏、工具栏、编辑栏、工作区和状态栏等组成。

(1)标题栏　显示软件名称和当前工作簿文件的文件名。在图 5-3 中,工作簿文件是"Book1"。

(2)菜单栏　菜单栏中包含 9 个菜单,分别是"文件"、"编辑"、"视图"、"插入"、"格式"、"工具"、"数据"、"窗口"和"帮助",每一项菜单选项中都汇集了相关的命令,可根据需要选取完成相关的操作。

(3)工具栏　工具栏是一些图标按钮集,每一个按钮都代表了一个命令。较常用的工具栏有常用工具栏和格式工具栏。

(4)编辑栏　用来输入或编辑单元格数据或公式,并显示活动单元格中使用的常数和公式。

(5)工作区　指工作表整体及其中的全都元素,包括单元格、行号、列标、滚动条和工作表标签。

(6)状态栏　用来显示系统状态。当状态栏显示"就绪"时,表示系统处于等待状态,此时可以选择菜单或向工作表中输入数据。

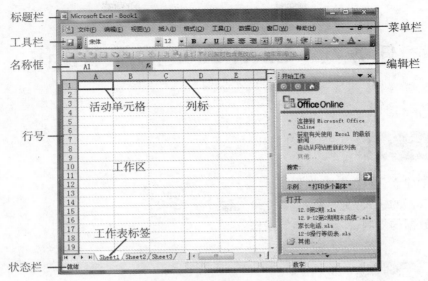

图 5-3 Excel 2003 工作界面

三、工作簿、工作表和单元格

在 Excel 2003 中,工作簿、工作表和单元格是组成 Excel 电子表格的基本元素,了解它们及整张工作表的组成和结构是学习 Excel 的基础。

1. 工作簿

工作簿是用于存储并处理数据的文件,工作簿名就是文件名。启动 Excel 2003 后,系统会自动打开一个新的空白工作簿,并将其命名为 Book1。

一个工作簿中可以包含多张工作表。一般来说,一张工作表保存一类相关的信息,这样在一个工作簿中可以管理多个类型的相关信息。默认情况下,新建一个工作簿后,里面包含了 3 张工作表,其名称分别为 Sheet1、Sheet2 和 Sheet3。在实际工作中,可以根据需要添加更多的工作表,一个工作簿最多可以有 255 张工作表。

2. 工作表

工作表是工作簿的重要组成部分,又称为电子表格,是 Excel 进行组织和管理数据的地方,用户的绝大部分工作都是在工作表中完成的。

尽管一个工作簿文件可以包含许多工作表,但在某一时刻,用户只能在一张工作表上工作,这意味着只有一个工作表处于活动的状态,通常把该工作表称为活动工作表或当前工作表,其工作表标签以反白显示,名称下方有单下划线。

3. 单元格

每个工作表由 256 列和 65 536 行组成,列和行交叉形成的每个网格称为单元格。每一列的列标由 A、B、C、D 等表示,每一行的行号由 1、2、3、4 等表示,所以每个单元格的位置由所交叉的列、行名表示。例如,由第 A 列和第 1 行交叉形成的单元格可表示为 A1。

用户每次只能向当前工作表中的某个单元格输入数据,这个单元格称为活动单元格,工作表中带粗线黑框的单元格就是活动单元格,其名称显示在名称框中。

任务实训

用几种不同的方式启动 Excel 2003 并用不同的方式退出,认识界面和了解基本概念。

任务小结:
本任务主要是基本了解 Excel 2003 软件的基本知识。

任务二　Excel 2003 的基本操作

任务目标

Excel 工作簿的建立、保存、打开操作

Excel 单元格数据的输入：文本输入，填充输入等

Excel 单元格数据的复制、移动、删除等操作

知识讲解

一、新建工作簿

1. 创建新的空白工作簿

按如下步骤创建新的空白工作簿：

（1）在"文件"菜单上，单击"新建"命令，在主窗口右侧出现如图 5-4 所示的"新建工作簿"任务窗格。

（2）再单击其上的"空白工作簿"命令，即可创建一个新的空白工作簿。

图 5-4　"新建工作簿"窗口

图 5-5　"根据现有工作簿新建"对话框

2. 根据现有工作簿新建工作簿

执行如下步骤：

（1）在"文件"菜单上，单击"新建"命令，在主窗口右侧出现如图 5-4 所示的"新建工作簿"任务窗格。

（2）再单击其上的"根据现有工作簿"命令，弹出如图 5-5 所示的"根据现有工作簿新建"对话框。

（3）类似于资源浏览器中的操作，在对话框中找到并打开包含要查找的工作簿的文件夹。

（4）选定工作簿文件，再单击【创建】按钮，即可创建一个与选定工作簿一样的新的工作簿。

二、保存工作簿

完成对一个工作簿文件的建立、编辑后，或者由于数据量较大需要多次将其输入时都需要将文件保存起来。保存工作簿文件的操作步骤如下：

（1）单击工具栏中的"保存"按钮，或者选择"文件"菜单中的"保存"命令，弹出"另存为"对话框，如图 5-6 所示。

（2）选择存放文件的驱动器和目录。

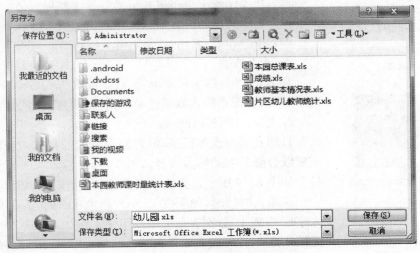

图 5-6　保存工作簿

（3）键入一个名字来保存当前的工作簿。

（4）单击【保存】按钮。

三、打开工作簿

在 Excel 系统中，打开一个工作簿的步骤如下：

（1）单击工具栏上的【打开】按钮，或者选择"文件"菜单中的"打开"命令，弹出"打开"对话框，如图 5-7 所示。

（2）选择文件所在的驱动器和目录。

（3）选择需要打开的文件。

（4）单击【打开】按钮即可。

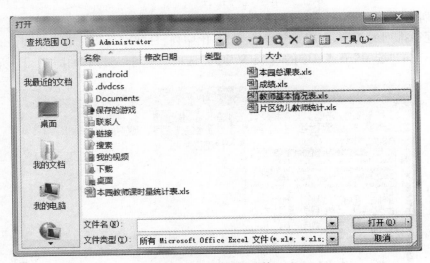

图 5-7　打开工作簿

四、输入数据

工作簿建立之后，就可以在工作簿的每一个工作表中输入数据了。在 Excel 工作表的单元格中可以输入文本、数字、日期、时间和公式等。

1. 输入文本

单元格中的文本包括任何字母、数字和键盘符号的组合。每个单元格最多可包含 32 000 个字符，如果单元格列宽容不下文本字符串，就要占用相邻的单元格。如果相邻单元格中已有数据，就会截断显示。

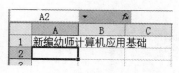

图 5-8　输入文本

图 5-9　输入当前的日期

图 5-10　批注的信息显示

（1）在工作表中单击单元格 A1，选定此单元格。

（2）切换到搜狗拼音输入法，输入"新编幼师计算机应用基础"。

（3）按[Enter]键，活动单元格下移到 A2，如图 5-8 所示。

2．输入数字

在 Excel 中，数字可用逗号、科学计数法或某种格式表示。输入数字时，只要选中需要输入数字的单元格，按键盘上的数字键即可。

3．输入日期和时间

日期和时间也是数字，但它们有特定的格式。在输入日期时用斜线或短线分隔日期的年、月、日。例如，可以输入"2013/5/17"或"2013-5-17"，如图 5-9 所示。要输入当前的日期，按组合键[Ctrl]+[;]即可。

在输入时间时，如果按 12 小时制输入时间，需在时间后空一格，再输入字母 A 或 P，分别表示上午或下午。例如输入 9:20 P，按[Enter]键后的结果是 21:20:00。如果只输入时间数字，Excel 将按 AM（上午）处理，如果要输入当前的时间，按组合键[Ctrl]+[Shift]+[;]即可。

4．单元格批注的输入

单元格的批注是对单元格信息的额外说明。缺省情况下，单元格的批注信息不显示出来，只在含有批注的单元格右上角显示一个小红点来表示，如图 5-10 所示，当鼠标指针移动到加有批注的单元格上或该单元格成为活动单元格时，才显示出批注的内容。

（1）选定要添加批注的单元格，选择"插入"→"批注"命令，弹出批注信息输入框，输入相应文本后，则该文本成为了单元格的批注。

（2）批注的编辑：选定含有批注的单元格，选择"插入"→"编辑批注"命令。

（3）批注的删除：选定含有批注的单元格，选择"编辑"→"清除"命令，从子菜单中选择批注。

5．自定义序列的填充

序列是指有规律排列的数据，可以是等差序列、等比序列、日期序列和自定义序列，Excel 能自动填充的序列在"工具"菜单中的"选项"子菜单中的"自定义序列"选项卡中可以看到，如图 5-11 所示。

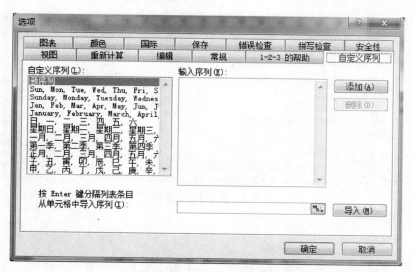

图 5-11　"自定义序列"选项卡

用户也能按如下步骤建立自己的新序列：

（1）单击"自定义序列"框中的"新序列"选项。

（2）在右边的"输入序列"中输入用户常用的序列，每行输入一个值，输入完后单击【添加】按钮将新序列加入到自定义序列中去。若在工作表中已输入序列内容,可单击"导入序列所在的单元格"文本框旁边的折叠按钮,在工作表中用鼠标选定序列所在区域,或直接在该文本框中输入相应的单元格引用,单击【导入】按钮,将新序列添加到自定义序列中。

(3) 单击【确定】按钮。

以后在单元格中输入自定义序列中的任一值,利用填充功能便能输入设定的序列。

此外,可以用菜单方式进行自动填充:

(1) 将待输入序列的第一个数据输入在单元格中;

(2) 选定处于一行或一列的单元格区域,使包含数据的单元格处于选定区域的活动单元格,选择"编辑"→"填充"命令,从级联菜单中选择"序列"命令后,出现如图 5-12 所示"序列"对话框,在对话框中设置相应参数,可以填充等差数列、等比数列以及日期序列。

图 5-12 "序列"对话框

6. 数据的自动填充

自动填充是 Excel 2003 提供的一种在工作表中快速输入有一定规律的数据的手段。

将鼠标指针放到活动单元格的右下角的填充柄上,鼠标指针变成细线的十字时,拖动填充柄到目的位置放开,在随后出现的"自动填充选项"中选择当前的填充方式。系统就会根据活动单元格中的数据进行自动填充。

对文本和单个数值,用自动填充柄只能在拖过的单元格中填充相同的数据。用鼠标单击左键。还可填充数值的等差数列、等比数列以及日期序列。填充数值等差数列可以用鼠标完成。此时,需先将数列的前两个数值输入在两个单元格中,选定这两个单元格,再拖动填充柄自动填充。

五、选择操作对象

操作对象的选择主要包括单元格内容的选择、单元格的选择、工作表的选择。选择操作对象是输入、编辑的基础,选择后的结果一般都呈浅蓝色显示。

1. 单元格中内容的选取

这里不是选取整个单元格中的内容,而是选取单元格中的部分内容。

(1) 使用鼠标　用光标定位的方法进入单元格内容编辑状态,在所要选取内容开始处按下鼠标左键不放,然后拖动到所要选择内容结束处。

(2) 使用键盘　用光标定位的方法,将光标置于所要选择内容开始处,按下[Shift]键不放,用左、右方向键将光标移到所要选择内容结束处。

2. 单元格的选择

(1) 单个单元格　单个单元格的选择就是激活该单元格,其名称为该单元格的名称,例如 A1、C5 等。

(2) 行、列　选择行或列时,只需单击行标头或列标头,如图 5-13 所示。如果选择连续的行或列,需拖动行标头或列标头。

(3) 连续单元格　将光标定位在所选连续单元格的左上角,然后将鼠标从所选单元格左上角拖动到右下角,或者在按[Shift]键的同时,单击所选单元格的右下角。其区域名称为"左上角单元格名称:右下角单元格名称",例如 A1:D8。第一个选择的单元格为活动单元格,为白色状态,其他选择区为具有透明度的浅蓝色状态,名称框中显示选中的行列数,如图 5-14 所示。

(4) 不连续单元格　在按下[Ctrl]键的同时,单击所选的单元格,就可以选择不连续的单元格区域,如图 5-15 所示。

(5) 全部单元格　单击工作表左上角的"全选按钮",或者选择"编辑"菜单中的"全选"命令,或者使用快捷键[Ctrl]+[A],就可以选择当前工作表的全部单元格。

(6) 特殊单元格　如果所选择的单元格具有某种条件,例如,选择工作表中的所有空格,或选择工作表中的所有公式等,操作步骤如下:

① 选中所需条件的区域。

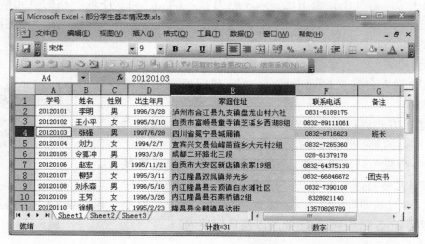

图5-13　单击行标头选择整行

图5-14　选择连续单元格

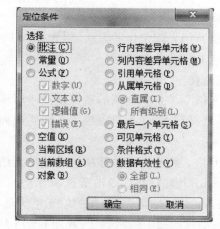

图5-15　选择不连续单元格

② 在"编辑"菜单中选择"定位"命令，打开"定位"对话框，如图5-16所示。

③ 单击"定位条件"按钮，打开"定位条件"对话框，如图5-17所示，在其中选择所需的条件，例如选中"最后一个单元格"。

图5-16　"定位"对话框　　　　　图5-17　"定位条件"对话框

④ 单击【确定】按钮，可看到在工作表中已经选中了符合条件的单元格。

想要取消对单元格的选择，只需单击任一单元格。

六、单元格数据的修改

要编辑单元格中的内容，则单击单元格后，重新输入新的内容，原内容将被覆盖，按［Enter］键完成编辑。

要编辑单元格中的部分内容，可以按照下述步骤进行操作：

（1）双击要编辑数据的单元格或者在选定单元格后将插入点定位在编辑栏中的相应位置。

（2）按左右方向键移动插入点，按［Backspace］键删除插入点左边的字符，按［Delete］键删除插入点右边的字符，然后输入新的文本。

（3）单击编辑栏中的"输入"按钮 ✕✓𝑓ₓ 或者按［Enter］键接受修改，也可以单击编辑栏中的"取消"按钮 ✕✓𝑓ₓ 放弃修改。

提示：用户也可以在选定要编辑的单元格后，单击编辑栏，对其中的内容进行编辑。编辑完毕后，单击编辑栏中的"输入"按钮 ✕✓𝑓ₓ 接受修改，或者单击"取消"按钮 ✕✓𝑓ₓ 放弃修改。

七、清除与删除单元格

在编辑过程中，只是想删除单元格中的数据，可以使用"清除"（或［Del］）命令；如果想把单元格中的数据连同单元格一齐删除，可以使用"删除"命令。

1. 清除单元格

选定要清除的一个或多个单元格，选择"编辑"菜单中的"清除"命令，然后从"清除"次级菜单中选择"全部"、"格式"、"内容"或者"批注"命令。

2. 删除单元格

删除单元格会将选定的单元格从工作表中删除，并调整周围的单元格来填补删除后的空缺。选定要删除的一个或多个单元格，然后选择"编辑"菜单中的"删除"命令，打开"删除"对话框。在该对话框中，可以根据需要选择"右侧单元格左移"、"下方单元格上移"、"整行"或者"整列"单选按钮。最后单击【确定】按钮即可完成单元格的删除。

八、插入行、列或单元格

在往工作表输入数据的过程中，可能会碰到输入数据时漏掉了一个、一行或一列数据的情况，这时就需要在工作表中插入行、列或单元格来追加数据。

1. 插入行、列

要插入一行或一列，首先选定要插入某行或某列的任意一个单元格，插入的行或列将处在该单元格所在行或列之前，然后选择"插入"菜单中的"行"或"列"命令。

要删除一行或一列，可单击该行的行号或者单击该列的列标以选定该行或该列，然后选择"编辑"菜单中的"删除"命令。

2. 插入单元格

要插入一个或多个单元格，首先在要插入空单元格的位置选定相应的单元格区域，选定的单元格数量应与待插入的空单元格的数目相同（图 5-18 中选择D2:F25 单元格），然后选择"插入"菜单中的"单元格"命令，或右键菜单中的"插入"命令，打开"插入"对话框，在该对话框中选择相应的插入方式。

图 5-18 插入单元格

九、移动或复制数据

在处理表格数据时，为了避免重复输入，提高工作效率，经常需要采用移动或复制的方法将某些单元格区域的数据移动或复制到其他的位置。

1. 鼠标拖动法

在实际工作中，使用鼠标拖动的方法来复制或移动数据是非常方便的。例如要把表的 D4 单元格的数据移动到 F6 单元格，操作步骤如下：

（1）选定要移动或复制的单元格或区域，如 D4 单元格，单击。

（2）将鼠标指针移至所选区域的边线上，当鼠标指针变成斜向带四向移动箭头指针时，按住鼠标左键拖动。拖动过程中有一虚线框随着移动，且右下角会显示所移动到的目标单元格地址，松开鼠标完成移动。

（3）如果目标位置已经存在数据，会提示"是否替换目标单元格内容"对话框，单击【是】将用 D4 数据替换该单元格数据，否则取消操作。

（4）如果是复制单元格，仅需在拖动时按住[Ctrl]键，到达目标位置后，先松开鼠标左键，再松开[Ctrl]键。

（5）如果移动或复制的单元格不是替换目标单元格，而是插入到目标单元格的左边或右边、上面或下面，则在拖动时按住[Shift]键即可。

2. 剪切复制法

（1）选定要移动或复制的数据的单元格或区域。

（2）要移动单元格区域，选择"编辑"菜单中的"剪切"命令或者单击"常用"工具栏中的"剪切"按钮（或快捷键[Ctrl]+[X]）。

（3）要复制单元格区域，可选择"编辑"菜单中的"复制"命令或者单击"常用"工具栏中的"复制"按钮（或快捷键[Ctrl]+[C]）。

（4）选定目标单元格区域，或目标区域左上角的单元格（如果复制的是单元格区域）。选择"编辑"菜单中的"粘贴"命令或者单击"常用"工具栏中的"粘贴"按钮（或快捷键[Ctrl]+[V]）。

十、查找与替换数据

如果工作表行列数比较多，或者需要更换批量相同的数据，这时就需要使用 Excel 的查找和替换功能。Excel 2003 不仅仅可以在一个工作表中查找数据，而且在一个工作簿的多个表中同时查找数据，并提供了选择性的进行替换的功能。具体操作步骤如下：

（1）单击"编辑"菜单中的"查找"或"替换"命令，打开如图 5-19 所示的"查找和替换"对话框。如果只是要查找内容，可以单击"查找"选项卡，由于其操作方法与"替换"选项卡基本相同，且"替换"功能也包含了查找功能，这里以"替换"选项卡操作方法进行介绍。

图 5-19 "查找和替换"对话框

（2）如果只在当前工作表内查找或替换数据，直接在"查找内容"编辑框中输入需要查找的内容，再在"替换为"编辑框中输入希望替换成的相关内容。如果不输入，则在执行替换操作时将删除查找到的单元格内容。

（3）如果只是需要查找，则单击【查找下一个】或【查找全部】，对于查找到的内容将在对话框下面以列表形式显示。单击列表项可以激活对应的单元格，可以在不关闭"查找和替换"对话框的情况下对数据进行编辑与修改。

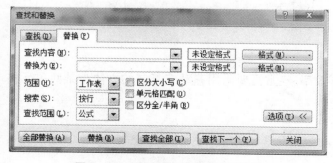

图 5-20 展开"查找和替换"对话框

（4）要执行替换操作，则单击"替换"可以替换查找列表中对应的单元格数据。而单击"替换全部"将一次性完成所有替换操作，并给出替换次数的信息。

（5）需要查找带有格式的数据，或者要在整个工作簿中按照一些特定条件查找，则单击【选项】按钮，展开"查找和替换"对话框，如图 5-20 所示。

　　单击【格式】按钮右边的下拉箭头,可以打开格式选择菜单,单击【格式】可以打开格式设置对话框,设置需要查找的单元格所具有的格式;也可以单击"从单元格选择格式",这时对话框关闭,鼠标指针变成 ➕🖊 形状,在设置好的单元格上单击鼠标,重新打开"查找和替换"对话框,并在右边按钮上显示格式预览。单击"清除查找格式"可以重新设置只搜索数据,与格式无关。

　　① 范围:用于选择查找内容的范围是工作表还是在整个工作簿内的所有工作表。

　　② 搜索:选择查找内容的方式。

　　③ 查找范围:用于设置是查找源数据还是公式得到的结果、批注。如果选择"公式"将在用户输入的内容中查找;选择"值"将在得到的结果中查找。如在一个单元格中输入"＝SUM(C2:C13)",如果选择公式,可以查找到 SUM,而如果选择值,则找不到这个函数名称的位置,而只能查找到它计算后得到的结果。

 任务实训

　　1. 输入数据,如图 5－21 所示:

图 5－21　部分学生成绩表

　　(1) 在 A1 单元格输入"2012级某班学生成绩表"。

　　(2) "学号"列是文本类型,由于学号都是数字字符串,故在 B3 单元格中输入"'20110101"

　　2. 编辑工作表

　　(1) 填充"学号"列内容:利用填充柄 ➕ 或者"编辑"→"填充"命令对"学号"列其他学生的学号进行填充。

　　(2) 将"学号"列移动到"姓名"列前面:

　　① 选中列号 A 右击,在弹出的快捷菜单中选中"插入",或者选中 A 列任一个单元格,使用"插入"→"列"命令,就在 A 列前面插入一新列。

② 选中 C2：C26 单元格右击，选中"剪切"命令，将光标定位在 A2 单元格右击选择"粘贴"命令，将"学号"列移动到"姓名"列前面。

③ 选中列号 C 右击，选中"删除"，将多余的这一列删除。

（3）合并单元格：选中 A1 到 L1 单元格，单击格式工具栏的"合并及居中"![按钮]按钮合并单元格。

（4）居中所有单元格：选中 A1 到 L26 单元格，单击格式工具栏的"居中"按钮将所有单元格内容居中显示。

（5）查找替换：选中 A1 到 A26 单元格，单击"编辑"→"查找"命令，打开"查找和替换"对话框，如图 5-22 所示，在对话框的"查找内容"框中输入 2011，在"替换为"框中输入 2012，单击"全部替换"按钮，则 Excel 将会把 A1 到 A26 所有找到的 2011 替换成 2012。

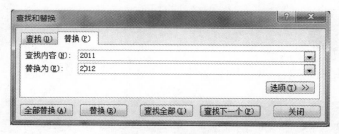

图 5-22　查找替换

（6）插入工作表：单击 Sheet1 工作表标签，然后使用"插入"→"工作表"命令，则新插入的工作表 Sheet4 将出现在 Sheet1 之前，且成为当前工作表。

（7）重命名工作表：

① 双击 Sheet4 工作表标签使其反白显示，或者右击 Sheet4，单击"重命名"命令，输入"学生基本信息"名称，按回车键确认。

② 分别将 Sheet1、Sheet2 和 Sheet3 工作表标签重命名为"学生综合成绩"、"成绩统计图表"和"单科成绩分析"。

（8）移动工作表：单击"成绩统计图表"工作表标签拖动鼠标将其移动到"单科成绩分析"后面后松开鼠标。

（9）删除一行：由于"张无籍"退学，需删除其相应信息。选中 17 行，右击选中"删除"命令。

（10）复制单元格内容：

① 选中"学生综合成绩"工作表中 A1 到 C26 单元格，按键盘的[Ctrl]＋[C]组合键将"学号"、"姓名"和"性别"3 列的内容复制到剪贴板。

② 将光标定位在"学生基本信息"工作表的 A2 单元格中，按键盘的[Ctrl]＋[V]组合键将"学号"、"姓名"和"性别"3 列的内容粘贴到"学生基本信息"工作表中。

3. 保存工作簿

单击"文件"→"保存"命令，或者单击常用工具栏中的"保存"按钮 ![保存]，弹出"另存为"对话框，在文件名框中输入"5-2 学生相关信息"，注意保存时 Excel 的文件扩展名为 .xls。

4. 关闭工作簿退出 Excel 2003

单击工作簿标题栏上的"关闭窗口"按钮 ![关闭] 退出 Excel 2003。

上面所有的操作步骤还可以采用其他方法完成，根据学生的习惯自由选择，只要完成对应的功能即可。

任务小结：

本任务的主要内容是数据的输入和简单编辑操作，在数据输入过程中，文本数据的输入如身份证号码以及电话号码的输入可能会被识别成数字而转换成科学计数法，在输入时应该按照文本输入的规则进行。另外，单元格格式的使用在下节讲解，但是对数据的输入也可在单元格格式中进行设置。

任务三　设置文本和单元格格式

 任务目标

会设置文本等数据的格式

会设置单元格的格式

能熟练的给单元格设置边框和底纹

 知识讲解

在实际应用中,默认的文本和单元格格式会显得很单调,Excel 2003 提供了强大的格式设置和美化表格的功能。合理地设置工作表中文本和单元格的格式,将使工作表变得更加赏心悦目。

一、设置字符的格式

可以为单元格设置字体、对齐方式、边框、背景图案等格式。首先选择要设置格式的一个或多个单元格,然后单击"格式"菜单的"单元格"命令,将弹出"单元格格式"对话框,如图 5 - 23 所示。选择不同的选项卡可以设置相应的格式,这里不再一一细说。

在完成对单元格各种格式的设置后单击【确定】按钮,所选中的单元格将自动套用新设置的单元格格式。

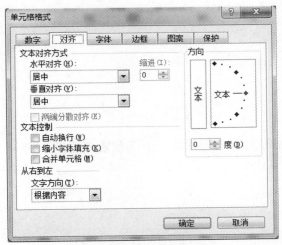

图 5 - 23 "对齐"选项卡

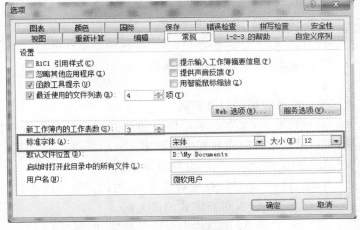

图 5 - 24 "常规"选项卡

1. 默认字体

在 Excel 2003 中,新工作表和工作簿的标准(默认)字体是字号为 12 的宋体。用户可以根据实际情况进行修改:单击"工具"菜单上的"选项"命令,在弹出的对话框中单击"常规"选项卡,如图 5 - 24 所示,在"标准字体"区域中选择字体和字号,单击【确定】按钮后,并不会立即启用新的默认字体,必须重新启动 Excel 后才生效。

2. 复制单元格格式

在设置单元格的格式时,若其他单元格已经设置了这种格式,就可使用常见工具栏中的"格式刷"按钮进行复制而不必重新设置。操作步骤如下:

(1)选择包含要复制条件格式的单元格。

（2）单击"格式刷"按钮。

（3）按住鼠标左键,选择要设置新格式的单元格或区域。当鼠标指针扫过这些单元格时它们就自动接收了来自源单元格中的格式。

（4）松开鼠标左键,完成格式的复制。

二、设置数字格式

不同的行业和不同的环境对数字的格式有不同的要求。可以通过"格式"菜单中"单元格格式"中的"数字"选项卡对各种数值数据、货币数据、日期时间数据、会计专用数据以及其他常规数据设置所需的格式。

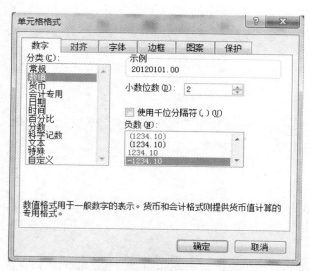

图 5-25 "单元格格式"对话框

设置数字格式

具体步骤：

（1）选取数字所在的单元格。

（2）选择"格式"菜单的"单元格"命令,出现"单元格格式"对话框,如图 5-25 所示。

（3）单击其中的"数字"选项卡,从左边的"分类"列表框中选取相应数据类型,并在右边设定相应的具体格式。

（4）单击【确定】按钮。

若希望 B 列中的所有数字保留 1 位小数,且负数用红色并带有小括号的形式表示,应按如下步骤进行设置：

（1）单击 B 列的列标,选中 B 列。

（2）选择"格式"菜单中的"单元格",调出"单元格格式"对话框。

（3）在"数字"选项卡的"分类"一栏中选取"数值"一项。

（4）将"数字"选项卡的"小数位数"一栏设定为 1。

（5）在"数字"选项卡的"负数"一栏中单击红色的(1234.10)项。

（6）单击【确定】按钮完成操作。

三、设置数据的对齐方式

默认情况下,文本沿单元格左边对齐,数字、日期和时间沿单元格右边对齐。为了使表格看起来更美观,可以改变单元格中数据的对齐方式。

1. 利用"格式"工具栏设置对齐方式

利用"格式"工具栏设置对齐方式,可以按照下述步骤操作：

（1）选定要设置对齐方式的单元格。

（2）单击"格式"工具栏中合适的按钮,如图 5-26 所示。

① 单击"左对齐"按钮,使所选单元格内的数据左对齐。

② 单击"居中"按钮,使所选单元格内的数据居中。

③ 单击"右对齐"按钮,使所选单元格内的数据右对齐。

④ 单击"合并及居中"按钮,使所选的单元格合并为一个单元格,并将数据居中。

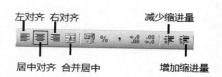

图 5-26 格式工具栏中对应按钮

⑤ 单击"减少缩进量"按钮,活动单元格中的数据向左缩进。

⑥ 单击"增加缩进量"按钮,活动单元格中的数据向右缩进。

例如,为了将标题居于表格的中央,先选定如图 5-27(上)所示的表格中的单元格,然后单击"格式"工具栏上的"合并及居中"按钮,结果如图 5-27(下)所示。

A1	▼		fx	2012级某班学生成绩表						
	A	B	C	D	E	F	G	H	I	J
1	2012级某班学生成绩表									
2	学号	姓名	性别	阅读写作	数学	英语	幼儿卫生学	自然科学	历史	地理
3	20120101	李明	男	77	76	88	86	74	53	76
4	20120102	王小平	女	82	77	77	66	68	51	80
5	20120103	张强	男	79	72	81	72	79	68	74

A1	▼		fx	2012级某班学生成绩表						
	A	B	C	D	E	F	G	H	I	J
1	2012级某班学生成绩表									
2	学号	姓名	性别	阅读写作	数学	英语	幼儿卫生学	自然科学	历史	地理
3	20120101	李明	男	77	76	88	86	74	53	76
4	20120102	王小平	女	82	77	77	66	68	51	80
5	20120103	张强	男	79	72	81	72	79	68	74

图 5-27 "合并及居中"的效果

在 Excel 2003 中,"格式"工具栏上的"合并及居中"按钮,既有合并单元格的功能,又有取消合并的功能。要取消已经合并的单元格,可以再次单击"格式"工具栏上的"合并及居中"按钮。

2. 利用"单元格格式"对话框设置对齐方式

除了可以设置单元格的水平对齐方式之外,还可以利用"单元格格式"对话框来设置垂直对齐方式,以及数据在单元格的旋转角度等。具体操作步骤如下:

(1)选定要格式化的单元格。

(2)选择"格式"菜单中的"单元格"命令,出现"单元格格式"对话框,选择"对齐"标签。

(3)在"水平对齐"下拉列表框中,可以设置水平方向的对齐方式,如靠左、居中或靠右等。

(4)在"垂直对齐"下拉列表框中,可以设置垂直方向的对齐方式,如靠上、居中或靠下等。

(5)在"方向"选项组中,可以设置数据在单元格中的旋转角度。

(6)选中"自动换行"复选框,Excel 根据单元格列宽把文本折行,并自动设置单元格的高度,使全部内容都能显示在该单元格上。

(7)选中"缩小字体填充"复选框,可以自动缩减单元格中字符的大小,使数据调整到与该单元格的列宽一致。

(8)选中"合并单元格"复选框,可以将两个或多个单元格合并为一个单元格。

(9)设置完毕后,单击【确定】按钮。

四、边框和底纹的设置

工作表中显示的网格是为了输入、编辑方便而预设的,在打印或显示时,可以使它作为表格的格线,也可以全部取消。

默认情况下,工作表中显示的表格线为灰色,这些表格线相当于 Word 中的"无边框",打印时将不被输出。如果需打印出工作表表格线,则需要给工作表添加边框线。在 Excel 中添加边框线与在 Word 中为表格设置边框线非常相似。

1. 使用工具按钮为表格添加边框

先在工作表中选定要添加边框的单元格区域,然后单击"格式"工具栏"边框"按钮 右侧的下拉箭头按钮,在下拉列表中单击"所有框线"按钮,这样就给所选单元格或区域添加了边框。

2. 使用"单元格格式"对话框为表格添加边框

选定要添加表格线的单元格区域,然后选择"格式"菜单中的"单元格"命令,打开"单元格格式"对话框,选择"边框"标签,如图 5-28 所示。

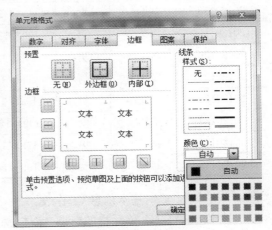

图 5-28 "边框"选项卡

在该对话框中,首先在"颜色"列表框中选择要添加的边框的颜色,然后在"线条"框中选挥线条的线型,再在"边框"栏中分别为单元格或单元格区域设置各个边框。

设置完成后,最后单击【确定】按钮即可。

3. 添加底纹

在表格中使用不同的底纹和图案作为背景可以达到美化表格、突出重点的作用。

在工作表中选择要添加底纹的单元格区域,然后单击"格式"工具栏上的"填充颜色"按钮右侧的下拉箭头,打开下拉列表,从中选择一种填充颜色,这样就可为选定单元格区域添加底纹。

 任务实训

1. 打开已存在的"5-2学生相关信息. xls"文件。

2. 在"学生基本信息"工作表中输入学生的出生年月、家庭住址和联系电话等信息,具体信息见表4-1学生基本信息数据所示。

表5-1　学生基本信息数据

学号	姓名	性别	出生年月	家庭住址	联系电话	备注
20120101	李明	男	1996/3/28	泸州市合江县九支镇	0831-6189175	
20120102	王小平	女	1995/3/10	自贡市富顺县童寺镇	0832-89111061	
20120103	张强	男	1997/6/28	四川省冕宁县城厢镇	0832-8716623	班长
20120104	刘力	女	1994/2/7	宜宾兴文县仙峰苗族乡	0832-7265360	
20120105	令狐冲	男	1993/3/8	成都二环路北三段	028-61379178	
20120106	赵宏	男	1995/11/21	自贡市大安区新店镇	0832-64375139	
20120107	柳梦	女	1995/3/11	内江隆昌双凤镇斧光乡	0832-66846672	团支书
20120108	刘永森	男	1996/5/16	内江隆昌县云顶镇	0832-7390108	
20120109	王芳	女	1996/3/26	内江隆昌县石燕桥镇	0832-8921140	
20120110	徐娟	女	1995/2/23	隆昌县金鹅镇昌达街	13570826789	
20120111	宋江	男	1994/7/28	内江市隆昌县金鹅镇	0832-63505802	
20120112	张一飞	男	1994/4/27	内江隆昌龙市镇	13673854066	
20120113	庞统	男	1997/6/6	绵阳市安县	0832-6800165	
20120114	姜山	男	1994/12/26	内江市隆昌县胡家巷	0832-6212324	
20120116	黄品选	男	1996/4/25	内江隆昌县泡相村	13838123459	
20120117	鲁肃	女	1995/12/29	内江隆昌桂花井乡	13625489531	
20120118	刘娟	女	1996/3/1	内江隆昌县望城村	0832-4562387	
20120119	周芝若	男	1997/12/17	宜宾翠屏区锅铺巷	13598765149	
20120120	蒋干	男	1996/1/27	象鼻镇土地堂街	0832-7963851	
20120121	王大力	男	1994/3/29	宜宾屏山县中都镇	0832-4789563	学习委员
20120122	罗文印	男	1995/2/16	隆昌县胡家镇	0832-8529762	
20120123	王伟	女	1994/12/31	南阳市南召县石门乡	13839137827	
20120124	张琪	男	1993/3/18	新乡市长垣县位庄镇	0832-8716623	
20120125	刘俊	女	1995/1/10	商丘市宁陵县阳一乡	0832-7963851	

3. 格式化"学生基本信息"工作表:

(1)设置A1:G1单元格的标题:字体:黑体;字号:16号;字形:加粗;颜色:蓝色。调整A1:G1单元格的行高到合适的位置。

（2）设置表头填充色：选定 A2:G2 单元格，在格式工具栏上的"填充"下拉菜单中选"灰色-25％"选项，为表头设置灰色背景。

（3）选中所有数据，单击格式工具栏中"居中"按钮，使 A1:G26 单元格中文字与数据都居中。

（4）除去标题 A1:G1 单元格，为单元格加上边框。

选中 A2:G31 单元格，单击"格式"→"单元格……"，弹出"单元格格式"对话框，单击"边框"选项卡，选择颜色为"紫罗兰"；单击"线条样式"为"粗"，再单击"预置"为"外边框"；再选"线条样式"为左下边的"细"，再单击"预置"为"内边框"，最后单击【确定】按钮。如图 5-29 所示。

（5）将性别列 C3:C26 单元格的字形设为"倾斜"。

（6）修改 D 列的出生年月的格式。

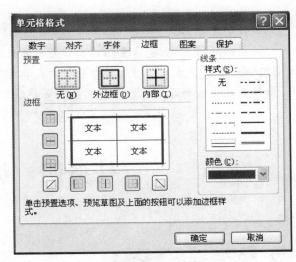

图 5-29　单元格样式

选中 D3:D26 单元格，单击"格式"→"单元格……"，弹出"单元格格式"对话框，单击"数字"选项卡"分类"列的"日期"，在"类型"中选择"2010 年 3 月 14 日"，单击【确定】按钮。

4. 格式化"学生综合成绩"工作表：

（1）按照上一步的要求格式化"学生综合成绩"工作表的标题和表头，但是将边框的颜色改为"酸橙色"。

（2）将不及格的学生成绩表示黄色，将大于等于 90 分的学生成绩表示为红色。

① 选中 D3:J26 单元格，单击"格式"→"条件格式"，弹出"条件格式"对话框，如图 5-30 所示，将条件 1 设为"小于"，将值设为"60"，单击"格式(F)…"，打开"单元格格式"对话框。

② 单击"字体"选项卡，将字体颜色设置为"黄色"，字形为"加粗"；单击"图案"选项卡，设置单元格底纹为"灰色-25％"，单击【确定】按钮返回到"条件格式"对话框。

③ 在"条件格式"对话框中单击【添加】按钮，出现条件 2，在条件 2 的条件设为"大于等于"，将值设为"90"，单击"格式(O)…"，打开"单元格格式"对话框。

④ 单击"字体"选项卡，将字体颜色设置为"红色"，字形为"加粗"，下划线为"单下划线"，单击"确定"按钮返回到"条件格式"对话框，再单击【确定】按钮。

图 5-30　条件格式

5. 对工作表使用模板：

选择 A2:G26 单元格，单击"格式"→"自动套用格式"命令，打开"自动套用格式"对话框，拖动垂直滚动条，选择"序列 2"，可以单击"选项(O)"，修改"要应用的格式"，单击【确定】按钮。

适当调整工作表行和列的大小以达到整齐美观的效果，步骤为（1）～（4）。

6. 保存并关闭退出工作簿：

单击"文件"→"另存为"命令，弹出"另存为"对话框，在文件名框中输入"5-3 学生相关信息.xls"；单击工作簿标题栏上的"关闭窗口"按钮 ⊠ 退出 Excel 2003。

任务小结：

表格的格式化，也通常称为工作表及其数据的美化。设置相应的表格和数据的基本格式方法有多种，但是有些设置只能通过其中一种方式和方法进行设置，尤其是有些不太常用的功能使用，如数据的条件格式等要知道具体的命令所在的菜单路劲。

任务四　编辑和处理数据

任务目标

了解单元格地址的组成
掌握公式的使用和编辑
掌握常用函数的使用
掌握函数和公式的复制
了解数据的相关操作

知识讲解

输入到电子表格中的数据往往需要进一步的处理，可能需要运用公式和函数计算，对数据进行排序，还有可能进行筛选、分类汇总等操作。Excel 2003 提供了强大的数据筛选、排序和汇总等功能。

一、单元格引用

单元格作为一个整体以单元格地址描述的形式参与运算称为单元格引用，分为相对引用、绝对引用、混合引用。

1. 相对引用

相对引用是指当把一个含有单元格地址的公式复制到一个新的位置或者用一个公式填入一个区域时，公式中的单元格地址会随之改变。

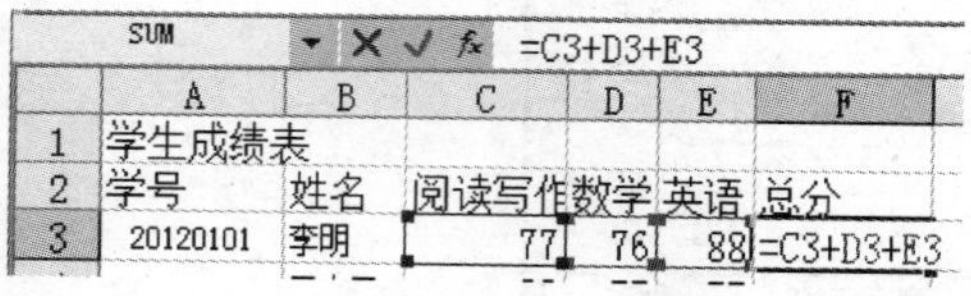

图 5－31　相对引用公式

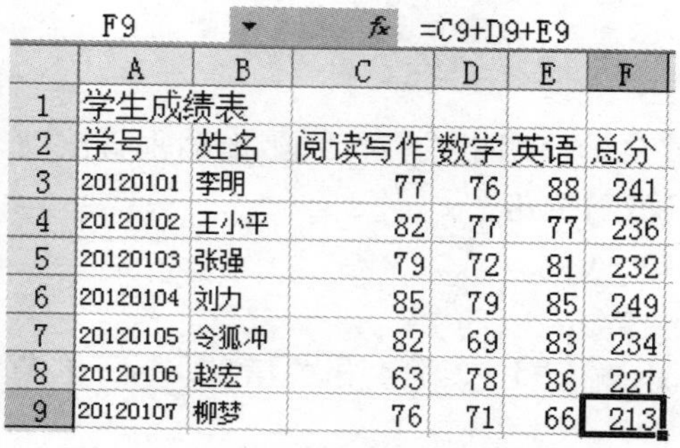

	A	B	C	D	E	F
1	学生成绩表					
2	学号	姓名	阅读写作	数学	英语	总分
3	20120101	李明	77	76	88	241
4	20120102	王小平	82	77	77	236
5	20120103	张强	79	72	81	232
6	20120104	刘力	85	79	85	249
7	20120105	令狐冲	82	69	83	234
8	20120106	赵宏	63	78	86	227
9	20120107	柳梦	76	71	66	213

图 5－32　相对引用的计算结果

用相对引用的方法把图 5－31 中每个学生的总分都计算出来，步骤如下：

(1) 用输入公式的方法在“李明”的“总分”单元格中输入公式“＝C3＋D3＋E3”(注意：此处是相对引用的公式)，之后按回车键，把“张民”的总分计算出来。

(2) 用鼠标单击“李明”的“总分”单元格，使其成为活动单元格，用鼠标拖动其填充柄向下到“柳梦”的“总分”单元格处，松开鼠标就会把公式复制到“王小平”、“张强”、……、“柳梦”的总分处，并把每个人的总分都计算出来，结果如图 5－32 所示。

2. 绝对引用

绝对引用是指在把公式复制或填入到新位置时，使其中的单元格地址保持不变。设置绝对地址需在行号和列号前加符号“＄”。例如，公式“＝＄C＄3＋＄D＄3＋＄E＄3”。

用绝对引用的方法把图 5－33 中每个学生的总分都计算出来,步骤如下:

（1）用输入公式的方法在"李明"的"总分"单元格中输入公式"＝＄C＄3＋＄D＄3＋＄E＄3"之后按回车键,把"李明"的总成绩计算出来。

（2）还是用鼠标拖动的方法把公式复制到"王小平"、"张强"、……、"柳梦"的总分处,结果如图 5－34 所示,可见复制的结果还是"李明"的总分。

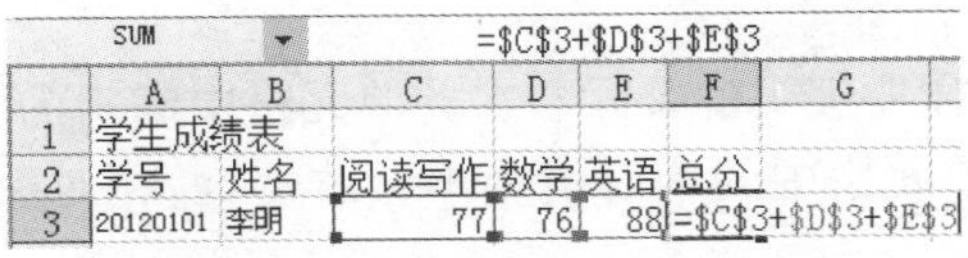

图 5－33　绝对引用公式

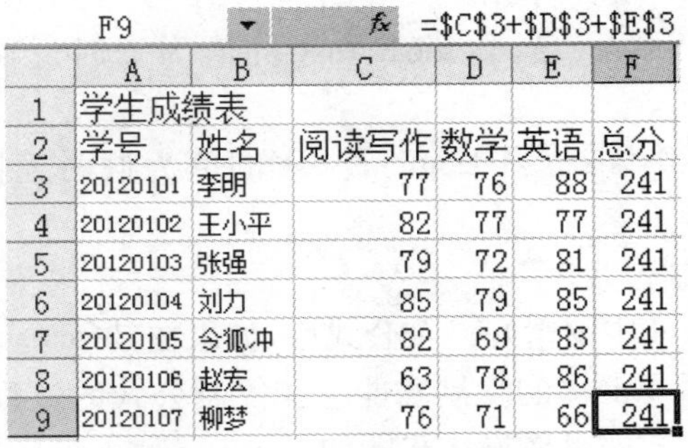

图 5－34　绝对引用的计算结果

二、公式的编辑

1. 编辑公式

对于包含公式的单元来说,创建公式后,可以对其重新编辑,添加或减少公式中的数据元素,改变公式的算法等。

2. Excel 2003 常用函数

函数的形式为:函数名（［参数 1］［,参数 2,…］）

函数名后紧跟括号,可有一个或多个参数,参数间用逗号分隔,也可以没有参数。如,SUM(A2:A3,C4:D5)有 2 个参数,6 个数据。

PI()返回的值:3.141 592 654,无参数。

（1）求和函数 SUM

格式:SUM(number1,number2,…,number30)

功能:求指定参数 number1,number2,…,number30 一组数值的总和。

说明:此函数最多可含有 30 个参数,参数可以是数字、常量、名字、含有数字的单元格和含有数字的单元格区域(可选不连续区域)。若所包含的区域中含有文字,空格或逻辑值,则忽略不计。

（2）求平均值函数 AVERACE

格式:AVERAGE(number1,number2,…,number30)

功能:计算给定参数 number1,number2,…,number30 的算术平均值。

说明:此函数最多可含有 30 个参数,参数可以是数字、常量、名字、含有数字的单元格和含有数字的单元格区域(可选不连续区域)。若所包含的区域中含有文字,空格或逻辑值,则忽略不计。

（3）求最大值函数 MAX

格式:MAX(number1,number2,…,number30)

功能:返回指定参数 number1,number2,…,number30 一组数据中的最大值。

（4）求最小值函数 MIN

格式:MIN(number1,number2,…,number30)

功能:返回指定参数 number1,number2,…,number30 一组数据中的最小值。

（5）计算数字个数函数 COUNT

格式:COUNT(Value1,Value2,…)

功能:计算参数 Value1,Value2,…中数字的个数。

说明:此函数最多可含有 30 个参数,参数可以是地址引用、名字等。数据类型任意。但只有数值型数据才被计数。

（9）判断函数- IF

格式：IF（Logical test，Value if true，Value if false）

功能：执行真假值的判断，根据 Logical test 的真假值返回不同的结果。即当 Logical test 的值为真时返回 Value if true 所给定的数据，当 Logical test 的值为假时返回 Value if false 所给定的数据。

说明：

Logical test：判断的一个条件，它是一个关系表达式。

Value if true：当 Logical test 的值为真时返回的数据，此数据可以是数值，文字等，若省略则返回 TRUE。

Value if false：当 Logical test 的值为假时返回的数据，此数据可以是数值，文字等，若省略则返回 FALSE。

3. 复制公式

在 Excel 中编辑好一个公式后，如果在其他单元格中需要编辑的公式与在此单元格中编辑的公式相同，就可以使用 Excel 的复制功能。在复制公式的过程中，单元格中的绝对引用不会改变，而相对引用则会改变。复制公式的具体操作步骤如下：

（1）选定单元格（如 F3），将鼠标移到此单元格的右下角，此时鼠标指针变为黑色加号（＋）形状。

（2）按住鼠标左键，拖动鼠标到终点单元格（如 F9），松开鼠标。这样就将公式复制到新的单元格中。

小技巧：复制带有公式的单元格，只是将单元格的公式进行复制和粘贴，而不是粘贴单元格的结果。

4. 移动公式

创建公式之后，可以将它移动到其他单元格中，移动公式后，改变公式中元素的大小，此单元格的内容也会随着元素的改变而改变它自己的值。

移动公式的过程中，单元格中的绝对引用不会改变，而相对引用则会改变。具体操作步骤如下：

（1）选定 F9 单元格，将鼠标移到 F9 单元格的边框上，此时鼠标变为箭头的形状。

（2）按住鼠标左键，拖动鼠标到 F10 单元格，松开鼠标按键。这样就将含有公式的单元格拖动到了新的地方，原单元格中的内容消失。这时，如果改变 E9 单元格的内容，F10 单元格中的内容会随着 E9 单元格的内容的改变而改变。

5. 删除公式

要将单元格中的计算结果和公式一起删除，只需选定要删除的单元格，然后按下［Delete］键就可以了。

三、利用函数进行计算

利用 Excel 2003 中的函数来进行公式计算可以大大提高工作效率，函数的构成与公式相似，分为函数本身和函数参数。Excel 2003 为我们提供了大量的函数。具体操作步骤如下：

（1）选定要使用函数的单元格。

（2）单击"插入函数"按钮，弹出"插入函数"对话框。

（3）选择 SUM 函数，单击【确定】按钮。在数据栏中输入要添加到公式中元素的单元格名称。

（4）单击【确定】按钮，计算结果就会显示在工作表中了。

删除工作表内容具体操作步骤如下：

（1）选择"数据"菜单中的"记录单"命令，弹出"记录单"对话框。单击【下一条】按钮，直到列表框中显示出要删除的记录，如图 5-35 所示。

（2）单击【删除】按钮，弹出一个对话框，提示用户显示的记录将被删除。单击【确定】按钮，将删除记录；如果不想删除，则单击"取消"按钮。

（3）单击【关闭】按钮退出记录单对话框，可以看到刚才选中的记录已经被删除了。

四、数据排序

在制作完一个电子表格后，往往有些数据需要按照一定的顺序进行排列。按照某一选定列排序的操作步骤如下：

图 5-35 选择要删除的记录

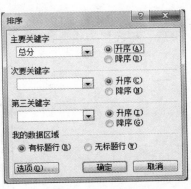

（1）在要排序的数据库中选定单元格。

（2）选择"数据"菜单中的"排序"命令，弹出"排序"对话框，如图 5-36 所示。

（3）"我的数据区域"选项框中单击"有标题行"选项。

（4）单击【选项】按钮，弹出"排序选项"对话框。在"方向"选项框中单击"按列排序"选项，然后单击【确定】按钮。

（5）单击【确定】按钮，就可以看到排序后的结果。

图 5-36 "排序"对话框

五、数据筛选

筛选数据库可以快速寻找和使用数据库中的数据子集。筛选功能可以使 Excel 只显示出符合筛选条件的某一值或符合一组条件的行，而隐藏其他行。

在 Excel 中提供了"自动筛选"和"高级筛选"命令来筛选数据。一般情况下，"自动筛选"就能够满足大部分的需要。不过，当需要利用复杂的条件来筛选数据库时，就必须使用"高级筛选"才可以。

自动筛选的具体操作步骤如下：

（1）在要筛选的数据库中选定任一单元格，例如选择 A3 到 E3 单元格。

（2）选择"数据"菜单中的"筛选"子菜单中的"自动筛选"命令。

（3）可以看到在数据库中每一个列标记的旁边插入了一个下拉箭头。单击一个数据列中的箭头，就可以看到一个下拉列表。

（4）选定要显示的项，例如单击"姓名"下拉式中的"柳梦"，就可以看到筛选的结果，如图 5-37 所示。Excel 2003 将符合条件的数据显示出来，将不符合条件的数据隐藏了。

图 5-37 显示筛选结果

六、数据的分类汇总

分类汇总和分级显示是 Excel 中密不可分的两个功能。在进行数据汇总的过程中，常常需要对工作表中的数据进行人工分级，这样可以更好地将工作表中的明细数据显示出来。

数据的汇总具体操作步骤如下：

（1）将数据库按要求进行分类汇总的列进行排序，这里按"奖学金"进行排序。

选定汇总列，单击 G4 单元格，再单击"降序"按钮，如图 5-38 所示。

学号	姓名	阅读写作	数学	英语	总分	奖学金
20120110	徐娟	83	90	81	254	¥800.00
20120104	刘力	85	79	85	249	¥800.00
20120101	李明	77	76	88	241	¥800.00
20120114	姜山	81	77	83	241	¥800.00
20120113	庞统	83	71	84	238	¥600.00
20120102	王小平	82	77	77	236	¥600.00
20120115	黄品选	84	69	82	235	¥600.00
20120105	令狐冲	82	69	83	234	¥600.00
20120103	张强	79	72	81	232	¥600.00
20120106	赵宏	63	77	87	227	¥600.00
20120112	张一飞	81	50	88	219	¥400.00
20120108	刘永森	84	50	81	215	¥400.00
20120107	柳梦	76	71	66	213	¥400.00
20120109	王芳	82	48	77	207	¥400.00
20120111	宋江	67	44	86	197	¥200.00

图 5-38 按"奖学金"进行排序

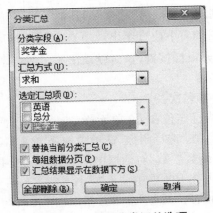

图 5-39 设置分类汇总选项

（2）选择"数据"菜单中的"分类汇总"命令，弹出"分类汇总"对话框，如图 5-39 所示。

在"分类字段"框中选择"奖学金"，在"汇总方式"框中选择"求和"，在"选定汇总项"框中选择奖学金。

（3）单击【确定】按钮，分类汇总的结果如图 5-40 所示。单击工作表右侧的向下滚动按钮，直到显示出最后一行数据为止。这时可以看到在原工作表数据清单中多了一行总计数据，它是奖学金的总和。

1 2 3		A	B	C	D	E	F	G
1					学生成绩表			
2		学号	姓名	阅读写作	数学	英语	总分	奖学金
3		20120110	徐娟	83	90	81	254	¥800.00
4		20120104	刘力	85	79	85	249	¥800.00
5		20120101	李明	77	76	88	241	¥800.00
6		20120114	姜山	81	77	83	241	¥800.00
7							¥800	¥3,200.00
8		20120113	庞统	83	71	84	238	¥600.00
9		20120102	王小平	82	77	77	236	¥600.00
10		20120115	黄品选	84	69	82	235	¥600.00
11		20120105	令狐冲	82	69	83	234	¥600.00
12		20120103	张强	79	72	81	232	¥600.00
13		20120106	赵宏	63	78	86	227	¥600.00
14							¥600	¥3,600.00
15		20120112	张一飞	81	50	88	219	¥400.00
16		20120108	刘永森	84	50	81	215	¥400.00
17		20120107	柳梦	76	71	66	213	¥400.00
18		20120109	王芳	82	48	77	207	¥400.00
19							¥400	¥1,600.00
20		20120111	宋江	67	44	86	197	¥200.00
21							¥200	¥200.00
22							总计	¥8,600.00

图 5-40　显示分类汇总的结果

（4）对于不再需要的或者错误的分类汇总，可以将之取消，在"分类汇总"对话框中单击"全部删除"按钮即可。

任务实训

1. 打开已存在工作簿：在对应文件夹中找到"5-3 学生相关信息.xls"文件，双击其图标，打开工作簿。
2. 单击"学生综合成绩"工作表标签，求每个学生的总分：

（1）利用公式求总分：由于每个学生的总分都是由其 7 门课成绩之和得到，故选中单元格 K3，输入公式"=D3+E3+F3+G3+H3+I3+J3"，然后按［Enter］键就可以算出来第一个学生的总分。在输入公式时，单元格 D3 到 J3 的名称既可以通过键盘输入，也可以通过单击对应单元格来完成。

（2）利用函数求总分：选中单元格 K4，选择"常用"工具栏的"粘贴函数"按钮，如图 5-41 所示，单击"求和"命令，在编辑框中会出现"=SUM()"函数，在括号中输入参数 D4:J4，然后按下［Enter］键即可求出这个学生的总分。

（3）利用填充柄对"总分"列其他学生求总分：选中 K3 或者 K4 单元格，将光标定位在单元格的右下边直至出现填充柄➕，然后按下鼠标左键向下拖动鼠标直到 K31 单元格，松开鼠标按键，这时就求出来了所有学生的总分。

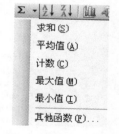

图 5-41　粘贴函数

3. 排名：

（1）计算名次：

① 将光标定位在 L3 单元格，选择"插入"→"函数"菜单命令，打开"插入函数"对话框，在"选择类别"中选择"统计"，在"选择函数"选项中选择"RANK"，单击【确定】按钮，弹出"函数参数"对话框。

② 在"函数参数"对话框中的 Number 框中输入"K3"，由于计算每名学生的名次都是根据全部学生的总分排序，所以在 Ref 框中输入"$K$3:$K$31"，在 Order 框中输入数字"0"表明为降序，如图 5-42 所示，单击【确定】按钮，就在 L3 单元格求出了 20120101 号学生在所有学生中的排名。

（2）排序：

① 选择 A2:L26 单元格范围，选择"数据"→"排序"菜单命令，打开"排序"对话框。

② 在"排序"对话框中选择"主要关键字"下的"名次"，单击对应右边的"降序"；若名次相同，则选择"次要关键字"下的"学号"，再单击对应右边的"升序"；由于学号是不会相同的，故不需要选择"第三关键字"；在

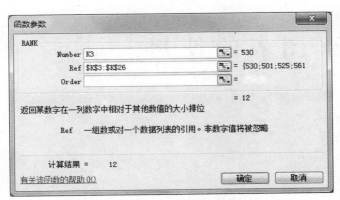

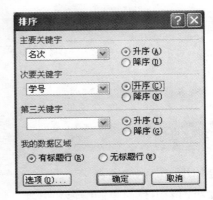

图 5-42　RANK 函数参数　　　　　　　　　　　图 5-43　排序

"我的数据区域"单击"有标题行"单选项（默认选项），如图 5-43 排序所示，然后单击【确定】按钮，在弹出的"排序警告"对话框中，以默认的选择直接单击【确定】按钮即可按照名次由前到后排序。

4. 设置等级：

（1）在 M2 单元格输入"等级"，会看到这个单元格的格式自动和前面的表头单元格的格式相同，这是因为设置了表头的具体格式。

（2）设置等级的条件：

① 等级的条件见表 5-2。

表 5-2　等级的条件

等级	分数段	等级	分数段
优秀	600<=总分<=700	合格	420<=总分<490
良好	525<=总分<600	不合格	总分<420
一般	490<=总分<525		

② 根据表 4-2 设置等级应该用到 IF 函数，选择 M3 单元格，输入"=IF(K3>=600,"优秀",IF(K3>=525,"良好",if(K3>=490,"一般",IF(K3>=420,"合格","不合格"))))"，然后单击编辑栏中的"输入"（即"√"）按钮即可。

③ 利用填充柄向下拖动设置每个学生的等级。

5. 按等级对总分的平均值进行分类汇总：

（1）先对"等级"列排序，如"等级"相同，则将"总分"以"降序"作为第二关键字，"学号"以"升序"作为第三关键字排序。

（2）选择 A2:M31，选择"数据"→"分类汇总"菜单命令，弹出"分类汇总"对话框。

（3）在"分类字段"下拉列表框中，选择字段名称"等级"；在"汇总方式"下拉列表框中，选择汇总方式"平均值"；在"选定汇总项"列表中，选择"总分"；选择"汇总结果显示在数据下方"复选框；单击【确定】按钮后即将汇总结果显示在数据下方。

6. 保存工作簿：单击"文件"→"另存为"命令，弹出"另存为"对话框，在文件名框中输入"5-4 学生相关信息. xls"

任务小结：

数据的处理和计算是 Excel 2003 软件的最重要的功能，公式的使用是重中之重，但是多数使用者认为公式与函数就是一回事。其实函数是公式的一种，公式的范围很广泛。往往自编公式使用更加广泛一些。

任务五 图表的使用

任务目标

会使用向导创建图表
会对图表进行简单的编辑和更改
掌握图表的整体编辑和对图表中各对象的编辑
掌握图表的格式化

知识讲解

图表具有较好的视觉效果,可方便用户查看数据的差异、图案,并进行预测趋势分析。例如,用户不必分析工作表中的多个数据列,可以通过图表即时了解各个季度销售额的升降,也可以通过图表很方便地对实际销售额与销售计划进行比较。

一、创建图表

可以利用图表向导来创建图表,具体操作步骤如下:

(1) 选择"插入"菜单中的"图表"命令,弹出"图表向导"对话框,可以选择图表的类型。单击"自定义类型"选项卡,选择"柱形图"选项,如图 5-44 所示。

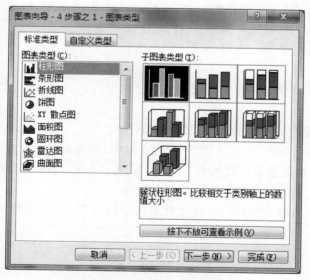

图 5-44 选择图表类型

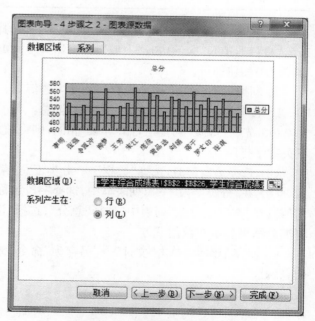

图 5-45 选择图表的数据区域

(2) 单击【下一步】按钮,弹出"图表源数据"对话框,如图 5-45 所示。单击"数据区域"框右侧的按钮,选择创建图表的单元格区域。然后单击"展开对话框"按钮,返回"图表源数据"对话框。

(3) 单击【下一步】按钮,弹出"图表选项"对话框,单击"标题"选项卡,如图 5-46 所示。分别在"图表标题"、"分类(X)轴"和"数值(Y)轴"框中输入标题名称。

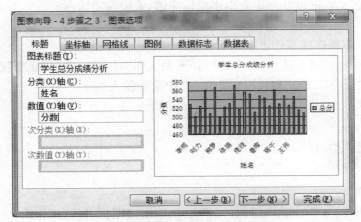

图 5-46　输入图表的标题名称

（4）单击"网格线"选项卡，将"分类（X）轴"和"数值（Z）轴"中的"主要网格线"选项选中，这样有利于方便地查看和阅读图表。

（5）单击"图例"选项卡，可以改变图例的位置，在"位置"选项框中单击"底部"选项。

（6）单击【下一步】按钮，弹出"图表位置"对话框。单击"作为新工作表插入"选项，在后画的文本框中输入"学生管理表"，作为新工作表的名字。

（7）单击【完成】按钮，一个简单的图表就创建好了，如图 5-47 所示。

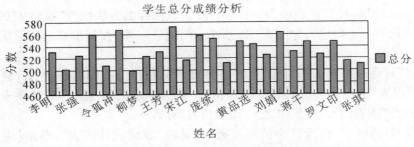

图 5-47　创建一个图表

二、编辑图表

Excel 2003 中创建图表后，对于图表中显示的数据，可以根据需要在图表中任意进行修改。

1. 添加数据

在图表中添加数据的具体操作步骤如下：

（1）选择"图表"菜单中的"添加数据"命令，弹出"添加数据"对话框。然后单击创建了图表的工作表标签，再单击"添加数据"对话框中"选定区域"右侧的按钮。

（2）选定要添加到图表中的单元格区域，然后单击"展开对话框"按钮。返回到"添加数据"对话框，"选定区域"框中显示出选定的区域。

（3）单击【确定】按钮，选定数据被添加到图表中。

2. 删除数据

在图表中删除数据的具体操作步骤如下：

（1）单击要清除的数据系列柱形条，然后选择"编辑"菜单中的"清除"子菜单中的"系列"命令。

（2）单击"系列"命令后，被清除的系列不在图表中显示了。

3. 在图表中添加文本

在图表中添加文本的具体操作步骤如下：

（1）单击"绘图"工具栏中的"文本框"按钮，移动鼠标指针改变形状，按住鼠标左键拖动，将显示出一个文本框。

（2）输入文字，然后在文本框以外的地方单击鼠标左键，就可确定输入。

4. 更改图表标题

更改图表的标题的具体操作步骤如下：

（1）选择"图表"菜单中的"图表选项"命令，弹出"图表选项"对话框，单击"标题"选项卡。

（2）在"图表标题"、"分类（X）轴"和"数值（Z）轴"框中重新输入文字。

（3）单击【确定】按钮。

任务实训

1. 打开已存在工作簿

在对应文件夹中找到"5-4 学生相关信息. xls"文件，双击其图标，打开工作簿。

2. 将各科成绩分数段的人数以图表形式直观地显示出来。

（1）单击"单科成绩分析"工作表标签，选定用于创建图表的数据 A1:H5。

（2）选择"插入"→"图表"菜单命令，或"常用"工具栏"图表向导" 📊 按钮，打开"图表向导-4 步骤之 1-图表类型"对话框，在"图表类型"选择框中选定"柱形图"，在"子图表类型"选择框中选择"簇状柱形图"，单击"按下不放可查看示例"按钮，可以查看预生成的图表；单击【下一步】按钮继续，打开"图表向导-4 步骤之 2-图表源数据"对话框。

（3）在"图表源数据"对话框中，数据区域在（1）步已经选定，选择系列产生在"列"；单击"系列"选项卡，选择系列列表框的"系列 1"，单击"名称框"后面的 📊 按钮，选择 B1 单元格"阅读写作"，再单击 📊 按钮返回到"源数据"对话框，这时"系列 1"已经改为"阅读写作"。以同样的方法修改"系列 2"到"系列 7"分别为 7门科目的名称（注意一定要一一对应），如图 5-48 所示；单击【下一步】按钮继续，打开"图表向导-4 步骤之 3-图表选项"对话框。

（4）在"图表选项"对话框中输入图表标题为"各科成绩分数段分布图"，分类（X）轴为"分数段"，数值（Y）轴为"人数"；可以设置"坐标轴"、"网格线"、"图例"、"数据标志"、"数据表"等选项卡的具体信息；单击【下一步】按钮继续，打开"图表向导-4 步骤之 4-图表位置"对话框。

（5）在"图标位置"对话框中"作为其中的对象插入"选择"成绩统计图表"，单击【完成】按钮即可生成图表。

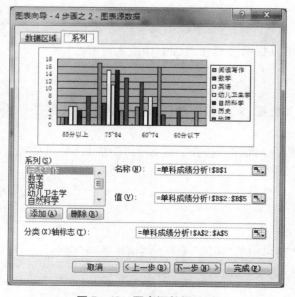

图 5-48 图表源数据系列

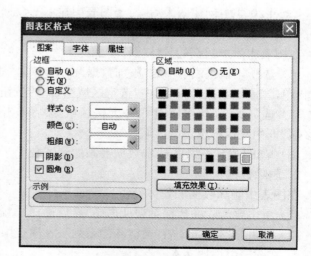

图 5-49 图表区格式

3. 进一步设置美化图表

（1）设置图表区：双击图表的空白区域，打开"图表区格式"对话框，设置图表区颜色为"冰蓝"，选中"圆角"复选框,如图 5-49 图表区格式所示。

(2) 设置标题:

① 将光标定位在"图表标题"上双击打开"图表标题格式"对话框,单击"字体"选项卡,设置字体为"楷体"、字形为"加粗"、字号为"18",颜色为"黄色";还可以设置"图案"和"对齐"选项卡中其他详细内容。

② 以同样的方法设置"坐标轴标题格式"、"坐标轴格式"和"图例格式",将图例格式中图例的位置放置于"底部"。

(3) 设置绘图区:

① 将光标定位在"绘图区"上双击打开"绘图区格式"对话框,单击【填充效果(I)…】按钮打开"填充效果"对话框。

② 选择"填充效果"对话框中"纹理"选项卡,选择"白色大理石"纹理,单击【确定】按钮,返回到"绘图区格式"对话框,单击【确定】按钮。

③ 双击"绘图区"中任何一种颜色的数据系列,打开"数据系列格式"对话框,如图 5-50 所示,可以自由设置系列的"图案"、"坐标轴"、"数据标志"等选项。

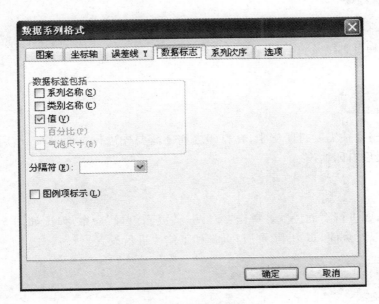

图 5-50 数据系列格式

4. 保存并关闭退出工作簿

单击"文件"→"另存为"命令,弹出"另存为"对话框,在文件名框中输入"5-5 学生相关信息. xls";单击工作簿标题栏上的"关闭窗口"按钮⊠退出 Excel 2003。

本次活动的效果图如图 5-51 所示。

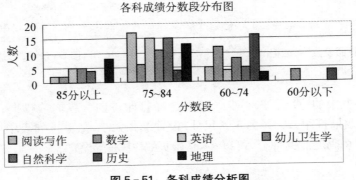

图 5-51 各科成绩分析图

任务小结：

图表的创建通常使用向导模式进行，创建的过程比较简单，但是有关图表的编辑和设置如果没能在创建中设置好，其设置过程和方法就显得有一定的技巧，但是大部分的命令和菜单在图表处单击鼠标右键的提示菜单中通常都能找到。

任务六　页面设置与打印

任务目标

了解页面设置的基本操作

能设置页面的页眉和页脚以及页面的标题行和列等

知识讲解

制作完成的电子表格往往需要打印出来，在打印之前还需要先进行页面设置，然后进行打印预览，真实地查看打印后的效果，最后打印输出。

一、页面设置

在打印工作表之前，要进行页面设置。单击"文件"→"页面设置"命令，弹出如图 5－52 所示的"页面设置"对话框，根据需要可以对页面、页边距、页眉/页脚和工作表进行设置。

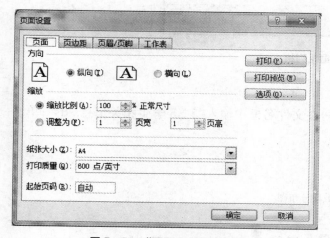

图 5－52　"页面设置"对话框

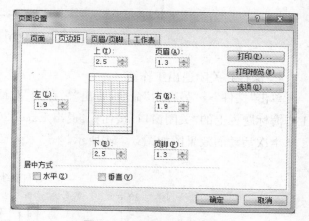

图 5－53　"页边距"选项卡

1. 页面的设置

选择"页面设置"对话框中的"页面"选项卡。可以选择打印方向为纵向或横向；调整打印的缩放比例，选择 10％～400％尺寸的效果打印，100％为正常尺寸；设置纸张大小，从下拉列表中可以选择需要的打印纸的类型。如果只打印某一页码之后的部分，可以在"起始页码"中进行设定。

2. 页边距的设置

选择"页边距"选项卡，可得到如图 5－53 所示的界面。分别在"上"、"下"、"左"、"右"编辑框中设置页边距（可以直接输入或单击输入框右边按钮调整）。在"页眉"、"页脚"编辑框中设置页眉、页脚的位置；可选择

"水平"和"垂直"两种页面的居中方式。

3. 页眉/页脚的设置

选择"页眉/页脚"选项卡,如图 5-54 所示。在"页眉"下拉列表中钩选定一些系统定义的页眉;同样,在"页脚"下拉列表中可以选定一些系统定义的页脚。

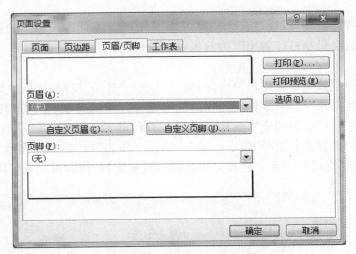

图 5-54 "页眉/页脚"选项卡

单击【自定义页眉】或【自定义页脚】按钮后,系统会弹出一个如图 5-55 所示的对话框。可以在"左"、"中"、"右"框中输入自己期望的页眉、页脚格式。另外,通过上方几个不同的按钮,可以完成不同的操作。

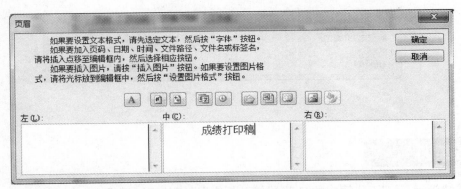

图 5-55 自定义页眉

(1) A 按钮 可以对页眉、页脚进行字体的编辑;

(2) 按钮 表示在光标所在位置插入页码和总页数;

(3) 按钮 表示在光标所在位置插入日期和时间;

(4) 按钮 表示在光标所在位置插入 Excel 2003 工作簿的名称(包括路径/不包括路径);

(5) 按钮 表示在光标所在位置插入标签;

(6) 按钮 表示在光标所在位置插入图片。

4. 工作表的设置

选择"工作表"选项卡,如图 5-56 所示。要打印某个区域,可在"打印区域"文本框中输入或选定要打印的区域。如果打印的内容较长,要打印在两张纸上,而又要求在第二页上具有与第一页相同的行标题和列标题,则在"打印标题"框中的"顶端标题行"、"左

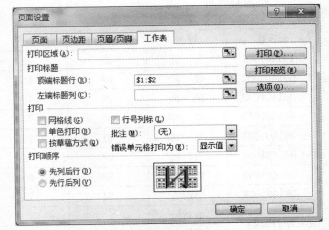

图 5-56 "工作表"选项卡

端标题列"指定要打印标题行和标题列的行与列。在"打印"选项中选择是否打印网格线、行号列标、批注等内容。此外,还可以指定打印顺序等。

二、打印预览与输出

1. 打印预览

在打印前,一般都要进行预览,通过打印预览可以事先查看能否达到理想的打印效果。单击"文件"→"打印预览"命令,屏幕就会显示打印输出时的效果,可以根据需要决定是否修改。

2. 打印输出

在打印预览后,当预览效果符合用户要求时,就可以单击"打印"按钮,屏幕会显示如图 5-57 所示的"打印内容"对话框。用户可以在"打印机"栏的"名称"框中选择打印机类型;在"打印范围"栏中选择"全部",打印整张工作表,也可以在"页"右边的文本框中设定需要打印的页码范围;在"份数"栏中输入或选择打印的份数;在"打印内容"栏中根据需要选择"选定区域"、"选定工作表"或"整个工作簿"。如果需要,也可以单击【属性】按钮对打印机的属性进行设置。选择完毕后,单击【确定】按钮即可完成打印。

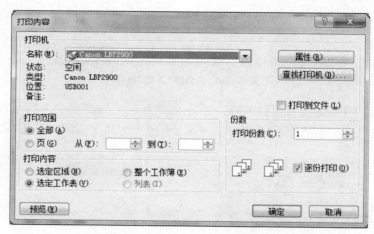

图 5-57 "打印内容"对话框

 任务实训

对"学生成绩管理. xls"工作簿中的"1 班成绩分析表"进行如下页面设置,并打印预览。

表 5-3 学生成绩表

学生成绩表							
201201 班							
制表日期:2013.05.22							
学号	姓名	数学	外语	教育学	总分	平均分	总评
121401001	王 密	88	82	78			
061401002	姚 静	89	90	94			
061401003	陈 彬	85	79	72			
061401004	李 萍	89	71	62			
061401005	李广辉	81	70	80			
061401006	万 彗	78	78	90			
061401007	刘道明	80	60	75			
061401008	鄢雨青	84	76	90			
统计分析	最高分						
	平均分						

（1）纸张大小为 A4，表格打印设置为水平、垂直居中，上、下页边距为 3 厘米。

（2）设置页眉为"成绩统计分析汇总表"，格式为楷体字、居中、粗斜体；设置页脚为当前日期，靠右排放。

（3）不打印网格线，但打印工作表的行号和列号。

提示：表格打印的水平、垂直居中、上、下页边距等格式是通过"文件│页面设置"命令的"页边距"选项卡的有关设置实现的；打印工作表的行号和列号是通过"工作表"选项卡对应的设置来实现的。

（4）保存工作簿文件，并关闭 Excel 2003 窗口。

任务小结：

本实训需要在系统安装有打印机软件的基础之上方能进行设置，在具体设置中可以安装任意一款打印机即可（在没有打印机的情况下）。

 综合实训

在 Excel 中录入下列表格

表 5-4　学生成绩表

学生成绩表					
编号	姓名	英语	阅读写作	数学	总成绩
001	张三	85	80	86	
002	李四	62	81	95	
003	王五	85	82	82	
004	赵六	98	83	82	
005	马七	78	78	75	
006	杨八	85	85	82	
007	刘九	65	78	75	
008	张四	75	85	82	
009	李十	35	95	65	
010	王六	75	58	75	
	平均分				
	最高分				
	最低分				

按要求操作：

（1）设置工作表行、列：标题行：行高 30；其余行高为 20。

（2）设置单元格：

① 标题格式：字体：楷书；字号：20；字体颜色为红色；跨列居中；底纹黄色。

② 将成绩右对齐；其他各单元格内容居中。

（3）设置表格边框：外边框为双线，深蓝色；内边框为细实心框，黑色。

（4）重命名工作表：将 sheet1 工作表重命名为"学生成绩表"。

（5）复制工作表：将"学生成绩表"工作表复制到 sheet2 中。

（6）将姓名和总成绩建立图表并将图表命名。

（7）计算学生总成绩、平均成绩、最高成绩、最低成绩。

（8）按总成绩递增排序。

（9）数据筛选：筛选"数学"字段选择">90 分"。

思考与练习

一、单选题

1. 在 Excel 中，直接处理的对象称为工作表，若干工作表的集合称为（   ）。

    A．文件   B．工作簿   C．字段   D．活动工作簿

2. Excel 是由（   ）公司开发的。

    A．Microsoft   B．Adobe   C．Intel   D．IBM

3. 启动 Excel 后，会自动产生一个新的工作簿称为（   ）。

    A．Excel1   B．Book1   C．Sheet1   D．A

4. Excel 工作簿是（   ）维表格。

    A．一   B．二   C．三   D．都不是

5. 在 Excel 中，一个单元格所在的列号和行号的组合（如 A1，B10—）称为该单元的（   ）。

    A．地址   B．编号   C．内容   D．大小

6. 在 Excel 中，下列选项中，属于对"单元格"绝对引用的是（   ）。

    A．D4   B．&D&4   C．$D4   D．$D$4

7. 在 Excel 中，要将行号和列号设置为绝对地址时，应在其左边附加（   ）。

    A．#   B．非   C．@   D．&

8. 在 Excel 中，最多可以有（   ）张工作表。

    A．3   B．128   C．255   D．无限

9. 在 Excel 中，运算符 & 表示（   ）。

    A．逻辑值的与运算   B．子字符串的比较运算

    C．数值型数据的无符号相加   D．字符型数据的连接

10. 在 Excel 中，要同时选择多个不相邻的工作表，应先按下（   ）键，然后再单击其他要选择的工作表。

    A．Shift   B．Ctrl   C．Alt   D．Esc

11. Excel 工作表行号是由 1 到（   ）。

    A．256   B．1 024   C．65 536   D．4 096

12. 在 Excel 中，数据类型可分为（   ）。

    A．数值型和非数值型   B．数值型、文本型、日期型及字符型

    C．字符型、逻辑型及备注型   D．以上都不对

13. 在 Excel 中，若要在一个单元格中输入数据，则该单元格必须是（   ）。

    A．空的   B．行首单元格

    C．活动单元格   D．提前定义好数据类型的单元格

14. 在 Excel 中，显示格式改变后（   ）。

    A．单元格中实际内容也改变，因而会影响其他单元格公式中对该单元的引用

    B．单元格中实际内容改变，但不会影响其他单元公式中对该单元的引用

    C．单元格中实际内容不改变，因而不影响其他单元公式中对该单元的引用

    D．单元格中实际内容不改变，但会影响其他单元公式中对该单元的引用

15. 在 Excel 中，英文冒号属于（   ）。

    A．算术运算符   B．比较运算符   C．文本运算符   D．单元格引用符

16. 在 Excel 中，若在某单元格插入当前系统日期，可按（   ）组合键。

    A．［Shift］+［:］（中文冒号）   B．［Ctrl］+［:］（中文冒号）

    C．［Shift］+［;］（英文分号）   D．［Ctrl］+［;］（英文分号）

17. Excel 地址 ＄A＄1 的正确含义是(　　)。

A．活动单元格地址 　　　　　　　　　　B．表示单元格的混合地址

C．表示左上角第一行第一列单元格的绝对地址 　D．表示左上角第一行第一列单元格的相对地址

18. 在 Excel 单元格中输入字符型数据,默认的对齐方式是(　　)。

A．左对齐 　　　　　B．局中对齐 　　　　　C．右对齐 　　　　　D．随机

二、填空题

1. 工作簿文件的扩展名是＿＿＿＿＿＿＿。

2. 在当前单元格引用 C5 单元格地址,绝对地址引用是＿＿＿＿＿＿＿,相对地址引用是＿＿＿＿＿＿＿。

3. 将鼠标指针指向某工作表标签,按[Ctrl]键拖动标签到新位置,则完成＿＿＿＿＿＿＿操作,若拖动过程不按[Ctrl]键,则完成＿＿＿＿＿＿＿操作。

4. 在 Excel 中的单元格中输入非数值数字字符串时,要先输入＿＿＿＿＿＿＿。

5. 当前单元格的地址显示在＿＿＿＿＿＿＿中。

6. 要使 Excel 中大标题居中,则要选定包括标题的表格宽度内的＿＿＿＿＿＿＿,然后单击按钮。

7. 将 C3 单元格的公式"＝A2－＄B3＋C1"复制到 D4 单元格,则 D4 单元格中的公式是＿＿＿＿＿＿＿。

8. 当向 Excel 工作表单元格输入公式时,使用单元格地址 ＄D＄2 引用 D 列 2 行单元格,该单元格的引用称为＿＿＿＿＿＿＿地址引用。

9. 如果 D5 单元格中有公式"＝B5",删除第 3 行后,D4 中的公式是＿＿＿＿＿＿＿。

10. 在 Excel 中,选取整个工作表的方法是＿＿＿＿＿＿＿。

11. D5 单元格中有公式"＝A5＋＄B＄4",删除第 3 行后,D4 单元格中的公式是＿＿＿＿＿＿＿。

12. 对数据清单进行分类汇总前,必须对数据清单进行＿＿＿＿＿＿＿。

13. 在输入一个公式之前必须先输入＿＿＿＿＿＿＿符号。

14. 由菜单或快捷方法进入 Excel 后,其标题栏上显示的名称为＿＿＿＿＿＿＿,它是当前默认的工作簿文件名。

15. 在 Excel 中,第一张工作表约定名为＿＿＿＿＿＿＿。

16. 当前单元格的内容同时显示在该单元格和＿＿＿＿＿＿＿中,其地址则显示在＿＿＿＿＿＿＿中。

17. Excel 中,一般情况下,工作表的每个单元格中最多可输入＿＿＿＿＿＿＿个字符。

18. 在 Excel 工作簿中,同时选择多个不相邻的工作表,可以在按住＿＿＿＿＿＿＿键的同时依次单击各个工作表的标签。

19. 在单元格中输入"1/2"(不输入双引号),默认的对齐方式是＿＿＿＿＿＿＿。

20. 在 Excel 中,A5 的内容是"A5",拖动填充柄至 C5,则 85 单元格的内容为＿＿＿＿＿＿＿。

模块六

COMPUTER

中文 PowerPoint 2003 的应用

模块简介：

中文 PowerPoint 2003 是微软办公套件 Office 2003 中的一部分。PowerPoint 专门用于制作演示文稿（俗称幻灯片），广泛用于各种会议培训、产品演示、学校计算机辅助教学以及电视节目制作等。

学习目标

- 掌握 PowerPoint 的启动与退出
- 掌握演示文稿的创建、打开、保存
- 掌握演示文稿中对象的使用
- 掌握演示文稿的美化
- 掌握演示文稿的放映
- 掌握演示文稿的打印和打包

任务一　PowerPoint 2003 基础

 任务目标

掌握 PowerPoint 2003 的几种启动、退出、保存方法

 知识讲解

一、启动 PowerPoint 2003

PowerPoint 2003 安装完成后，可通过以下途径启动。

1. 开始菜单启动

（1）单击 Windows 中的【开始】按钮。

（2）选择"所有程序"菜单中的"Microsoft office"子菜单中"Microsoftoffice PowerPoint 2003"，如图 6－1 所示，完成启动，如图 6－2 所示。

图 6－1　开始菜单启动 PowerPoint 2003

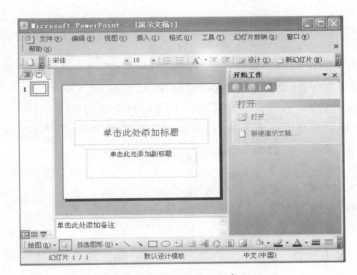

图 6－2　PowerPoint 窗口

2. 快捷方式启动
（1）双击桌面上 PowerPoint 快捷方式图标启动。
（2）选择桌面上的快捷图标，单击鼠标右键选择打开启动。

二、PowerPoint 2003 的保存
PowerPoint 2003 的保存方法与 office 2003 中其他软件的保存方法基本相同。
（1）单击"文件"菜单→"保存/另存为"
（2）弹出保存对话框，设置保存路径、名字、类型，确定保存，如图 6－3 所示。

三、PowerPoint 2003 的退出
　　PowerPoint 2003 的退出方法与 office 2003 中其他软件的退出方法基本相同。
　　（1）利用文件菜单　单击"文件"菜单→"退出"命令，即可退出。
　　（2）利用退出按钮　单击标题栏右端的关闭键（含有 ✕ 的键）。
　　注意：若有未保存的文档，PowerPoint 将提示用户保存。

图 6－3　保存对话框

任务实训

1. PowerPoint 的启动

PowerPoint 2003 的启动有以下多种方法，可以选择任意一种方法启动 PowerPoint 2003。

（1）利用桌面上的快捷图标启动。

（2）利用"开始"菜单启动。

（3）利用"新建 Office 文档"选项启动。

（4）利用已有的演示文稿启动。

（5）利用"开始"菜单的"打开 PowerPoint 演示文稿"选项，启动 PowerPoint 2003 并打开已有的演示文稿。

2. PowerPoint 2003 的退出

（1）单击 PowerPoint 2003 标题栏右端的"关闭"按钮。

（2）打开 PowerPoint 2003 标题栏最左边的"控制菜单"图标，选择"关闭"选项。

（3）双击 PowerPoint 2003 标题栏最左边的"控制菜单"图标。

（4）如果 PowerPoint 为当前活动窗口，按[Alt]+[F4]组合键可关闭。

（5）在 PowerPoint 标题栏任意位置右击，在弹出的快捷菜单中选择"关闭"选项。

（6）在菜单栏上选择"文件"→"退出"选项。

3. PowerPoint 演示文稿的保存

（1）在菜单栏上选择"文件"→"保存/另存为"选项。

（2）弹出保存对话框，设置保存路径、名字、类型，确定保存。

任务小结：

通过本任务的学习，掌握 PowerPoint 2003 的启动、退出和保存操作。

任务二　PowerPoint 2003 工作窗口

 任务目标

了解 PowerPoint 2003 窗口界面的组成

了解 PowerPoint 2003 各种视图模式的特点及切换方法

 知识讲解

1. PowerPoint 2003 工作界面

启动 PowerPoint 2003 后，出现工作窗口，主要包含：①标题栏、②菜单栏、③常用工具栏、④格式工具栏、⑤任务窗格、⑥工作区、⑦备注区、⑧大纲区、⑨绘图工具栏、⑩状态栏，如图 6-4 所示。

2. 视图模式

在 PowerPoint 中，建立用户与机器的交互工作环境是通过视图来实现的。在不同的视图中，显示文稿的方式是不同的，并可以对文稿进行不同的加工。PowerPoint 提供了普通视图、幻灯片浏览视图和幻灯片

图 6-4 PowerPoint 2003 界面

放映视图等。

（1）普通视图　在 PowerPoint 中默认的视图方式是普通视图。包含 3 个区：大纲区、幻灯片区、备注区，如图 6-5 所示。

图 6-5 普通视图

图 6-6 大纲视图

（2）大纲视图　该视图不显示图形对象和色彩，只显示幻灯片的标题和主要的文本信息，如图 6-6 所示。

（3）幻灯片视图　幻灯片视图与普通视图无实质差别。在幻灯片窗格中，可以查看每张幻灯片中的文本外观。可以在单张幻灯片中添加图形、影片和声音，并创建超级链接以及向其中添加动画，按照由大到小的顺序显示所有文稿中全部幻灯片的放小图像。

（4）幻灯片浏览视图　在幻灯片浏览视图中，可以在屏幕上同时看到演示文稿中的所有幻灯片，这些幻灯片是以缩图显示的。可以轻松地按顺序组织幻灯片，插入过渡动作，添加、删除或移动幻灯片，如图 6-7 所示。

（5）幻灯片放映视图　根据设置的放映方式来放映当前幻灯片，所设置的动画、动作按钮等只在放映方式下生效。可按［F5］或视图菜单中的幻灯片放映命令来演示当前演示文稿，如图 6-8 所示。

提示：视图的切换方式为，打开视图菜单，依次有普通、幻灯片浏览、幻灯片放映等如图 6-9 所示。

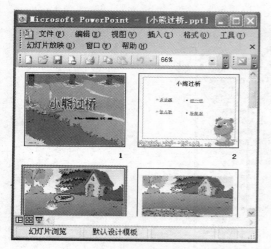

图 6-7 浏览视图

图 6-8 放映视图

图 6-9 视图切换菜单

 任务实训

切换并比较 PowerPoint 2003 的视图模式,观察各种视图模式的区别,了解各种视图的应用领域。

任务小结:
通过本任务的学习,了解 PowerPoint 2003 的不同视图模式,及其各种视图模式的差别及应用的领域。

任务三 创建演示文稿

 任务目标

掌握演示文稿的创建

 知识讲解

一、新建空白演示文稿

在 PowerPoint 里创建演示文稿,生成以 ppt 为扩展名的新的 PowerPoint 文件。

(1)单击菜单"文件"→"新建"。

(2)在弹出的任务窗格中选择"空演示文稿",再选择相应版式,如图 6-10 所示。

(3)设置演示文稿内容及外观,保存。

二、使用设计模板创建演示文稿

设计模版可统一整个演示文稿风格。由于互联网的发展,网络提供大量不同风格及主题的模板,巧妙地利用模板可带来制作上的方便。

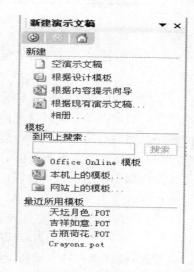

图 6-10 新建演示文稿对话框

（1）单击菜单"文件"→"新建"。

（2）在弹出的任务窗格中选择单击"根据设计模板"将出现"应用设计模板"窗格，如图 6－11 所示。该对话框显示框中提供了多种的幻灯片模板，选中了某个模板，单击就可以应用到新幻灯片上了。

（3）根据模板中的配色方案可修改模板颜色。

（4）单击图 6－11 中的浏览，弹出加载外部模板对话框，如图 6－12 所示，选择相应模板，单击【应用】。

图 6－11　幻灯片设计模板对话框　　　　　　图 6－12　导入外部模板对话框

（3）按照提示选择进入【下一步】，完成演示文稿创建，如图 6－13～6－18 所示。

三、根据内容提示向导创建演示文稿

（1）单击"文件"→"新建"

（2）在弹出的任务窗格中选择"根据内容提示向导"

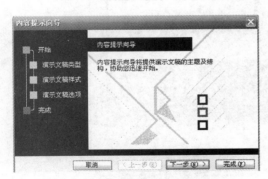

图 6－13　内容提示向导对话框　　　　　　图 6－14　选择演示文稿类型

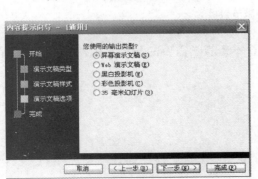

图 6－15　选择输出类型　　　　　　图 6－16　演示文稿选项

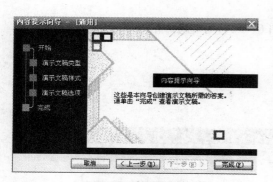

图6-17 完成画面

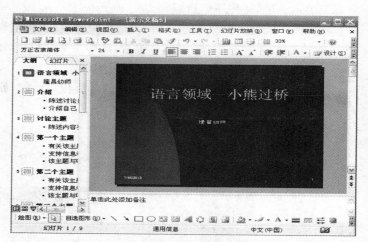

图6-18 利用"内容提示向导"制作的演示文稿

 任务实训

利用网络模板,设计制作针对幼儿园中班"中秋节"演示文稿。

1. 登录网络下载中秋节模板。

2. 启动 PowerPoint 2003,选择应用设计模板,如图6-19所示。

图6-19 应用中秋节模板

3. 在打开的模板中,修改文字、图片等信息。设计适合本班教学需要的演示文稿,如图6-20所示。

任务小结:

通过本任务的学习,掌握不同方法创建演示文稿。

图 6-20 部分样张

任务四 设置幻灯片格式

 任务目标

掌握幻灯片母版设置
掌握幻灯片版式的修改
能利用设计模板改变幻灯片外观
能改变幻灯片的配色方案

 知识讲解

1. 母版的设置

如果希望为每一张幻灯片添加上一项固定的内容（如学校的图标），可以通过修改"母版"来实现。

（1）执行"视图"→"母版"→"幻灯片母版"命令，进入"幻灯片母版"编辑状态，如图 6-21 所示。

（2）仿照前面插入图片的操作，将学校图标插入到幻灯片中，调整好大小、定位到合适的位置上，再单击"关闭母板视图"按钮退出"幻灯片母板"编辑状态。

（3）添加幻灯片时，该幻灯片上自动添加上学校图标

2. 设计模板

如图 6-22 所示，单击"根据设计模板"将出现"应用设计模板"窗格。里面提供了多种的幻灯片模板，选中了某个模板，选择"应用于所有幻灯片"或"应用于选定幻灯片"，即可将模板应用。

3. 配色方案

如果对当前的配色方案不满意，可以选择其内置的配色方案来进行调整，并可以修改其背景颜色。

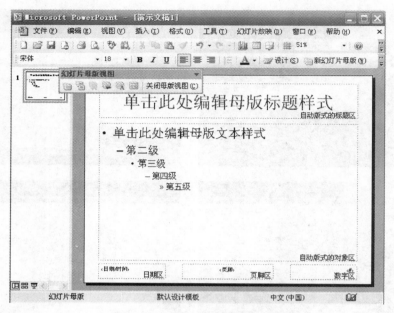

图 6-21 幻灯片母版编辑状态

图 6-22 设计模板对话框

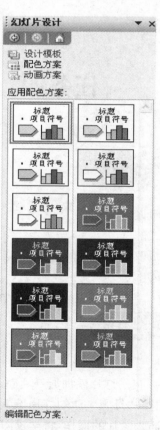

图 6-23 配色方案对话框

（1）执行"视图"→"任务窗格"命令，展开"任务窗格"。

（2）单击任务窗格顶部的下拉按钮，在随后弹出的下拉列表中，选择"幻灯片设计"→"配色方案"选项，展开"幻灯片设计"→"配色方案"任务窗格，如图 6-23 所示。

（3）选择一种配色方案，然后按其右侧的下拉按钮，在弹出的下拉列表中，根据需要应用。

（4）如果需要修改其背景颜色可以这样设置：执行"格式"→"背景"命令，打开"背景"对话框，设置一种颜色，确定，如图 6-24 所示。

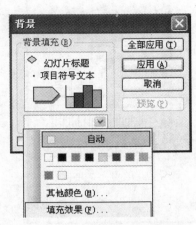

图 6-24 背景设置对话框

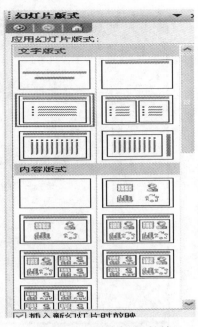

图 6-25 幻灯片版式对话框

4. 设置幻灯片版式

在标题幻灯片下面新建的幻灯片,默认情况下给出的是"标题和文本"版式,可以根据需要重新设置其版式。

(1) 执行"视图"→"任务窗格"命令,展开"任务窗格"。

(2) 单击任务窗格顶部的下拉按钮,在随后弹出的下拉列表中,选择"幻灯片版式"选项,展开"幻灯片版式"任务窗格,如图 6-25 所示。

(3) 选择一种版式,然后按其右侧的下拉按钮,在弹出的下拉列表中,根据需要应用版式即可。

任务实训

设计制作"小天使幼儿园"母版。

(1) 启动幻灯片,单击"视图"→"母版"→"幻灯片母版"。

(2) 在母版中录入文字"小天使幼儿园",单击"插入"→"图片"→"来自文件",插入天使图片。

(3) 单击"格式"→"背景",给母版加一个背景色,如图 6-26 所示。

(4) 单击"关闭母版视图"回到幻灯片普通视图方式完成制作,如图 6-27 所示。

图 6-26 母版编辑视图

图 6-27 小天使幼儿园母版应用效果

任务小结：
通过本任务的学习，掌握幻灯片版式、模板、母版设计及修改。

任务五 幻灯片的编辑和对象的使用

 任务目标

掌握演示文稿的选定、插入、删除、复制、移动等基本编辑操作
掌握文本、图形、音频、视频、动画等对象的使用

知识讲解

一、幻灯片的编辑

1. 选定幻灯片

（1）选择单一的一张幻灯片，直接用鼠标单击即可选中。

（2）选择连续多张幻灯片，可以鼠标选定第一张，再按住[Shift]键，单击最后一张即可选中。

（3）选择不连续多张幻灯片，可以鼠标选定第一张，再按住[Ctrl]键，依次单击需要选择的幻灯片即可。

2. 插入幻灯片

PowerPoint 2003 启动后，默认情况下只有一张幻灯片，但可在任何位置插入新的幻灯片。

（1）启动 PowerPoint 2003，选择要插入幻灯片的位置。

（2）单击"插入"→"新幻灯片"，选择幻灯片版式，单击【确定】。

（3）若要从其他演示文稿中插入幻灯片，将光标定在需要插入的位置。执行"插入"→"幻灯片（从文

件)"命令,打开"幻灯片搜索器"对话框,如图6-28所示。

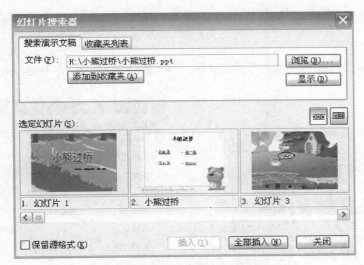

图6-28　幻灯片搜索器对话框

单击其中的【浏览】按钮,打开"浏览"对话框,定位到被引用演示文稿所在的文件夹中,选中相应的演示文稿,确定。选中需要引用的幻灯片,然后按下【插入】按钮,再关闭退出即可。

3. 删除幻灯片

选择要删除的幻灯片,单击"编辑"→"删除幻灯片"命令,即可删除幻灯片。

4. 复制幻灯片

(1) 选择需要的幻灯片,单击"编辑"→"复制"。

(2) 将鼠标指针移到需要粘贴的位置,单击"编辑"→"粘贴"。

5. 移动幻灯片

选择需要移动的幻灯片,按住鼠标左键不放拖动,拖到合适位置松开鼠标。也可采用编辑菜单中的"剪切"和"粘贴"命令。

二、文本的输入和编辑

1. 输入文本

文本是演示文稿的主体。演示文稿中"单击此处添加标题"占位符,如图6-29所示,将光标定位后直接录入文本。不需要的占位符可直接删除。

图6-29　演示文稿中的占位符

无占位符的地方录入文本可采用插入文本框的方法:

(1) 执行"插入"→"文本框"→"水平(垂直)"命令,然后在幻灯片中拖拉出一个文本框来。

(2) 将相应的字符输入到文本框中。

(3) 设置好字体、字号和字符颜色等。

(4) 调整好文本框的大小,并将其定位在幻灯片的合适位置上即可。

2. 文本的编辑

(1) 设置文本的格式

① 选定要更改的文本。

② 单击"格式"→"字体",修改文本的字体、字号、字形、颜色等,如图6-30所示。

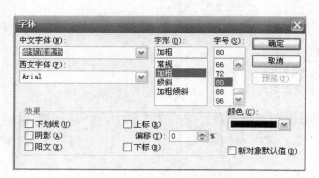

图6-30 字体设置对话框

图6-31 设置自选图形格式对话框

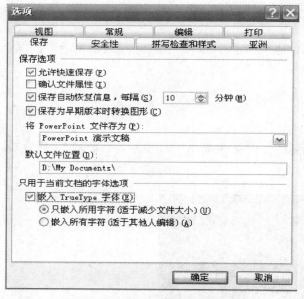

图6-32 嵌入字体选项对话框

(2) 文本框编辑

① 选择文本框,利用鼠标可移动、缩放文本框。

② 选择文本框,双击弹出文本框设置对话框,设置文本框颜色和线条、尺寸、位置等,如图6-31所示。

3. 将字体嵌入 PowerPoint 文件

由于每台计算机中安装的字体文件不同,在一台计算机上制作好的 PowerPoint 演示文稿在另一台计算机上打开时,设定的字体会发生改变,影响演示文稿的播放效果。只要在保存 PowerPoint 文件时选择"嵌入 TrueType 字体",就可以让 PowerPoint 将字体嵌入 PowerPoint 文件。操作步骤:

(1) 打开 PowerPoint 文件,单击菜单栏中的"工具"→"选项"。

(2) 弹出"选项"对话框,切换到"保存"标签,选中其中的"嵌入 TrueType 字体"选项。为了减少演示文稿的容量,在选中"嵌入 TrueType 字体"选项后,再选定下面的"内嵌入所用字符"选项,如图6-32所示。

(3) 单击【确定】关闭"选项"对话框

二、图形的插入及编辑

为了增强文稿的可视性,向演示文稿中添加图片是一项基本的操作。

1. 外部图形插入

(1) 执行"插入"→"图片"→"来自文件"命令,打开"插入图片"对话框。

(2) 定位到需要插入图片所在的文件夹,选中相应的图片文件,然后按下【插入】按钮,将图片插入到幻灯片中,如图6-33所示。

图 6-33　图形插入对话框

注意:演示文稿支持 jpg、gif、bmp 等格式图形文件。

（3）用拖拉的方法调整好图片的大小,并将其定位在幻灯片的合适位置上即可。

2. 绘制图形

根据演示文稿的需要,经常要在其中绘制一些图形。

（1）执行"视图"→"工具栏"→"绘图"命令,展开"绘图"工具栏,如图 6-34 所示。

图 6-34　绘图工具栏

（2）点击工具栏上的"自选图形"按钮,在随后展开的快捷菜单中,选择相应的选项(如"基本形状、太阳形"),然后在幻灯片中拖拉一下,即可绘制出相应的图形。

3. 艺术字的插入

艺术字是一种特殊的图形。Office 多个组件中都有艺术字功能,在演示文稿中插入艺术字可以大大提高演示文稿的放映效果。

（1）执行"插入"→"图片"→"艺术字"命令,打开"艺术字库"对话框,如图 6-35 所示。

（2）选中一种样式后,按下【确定】按钮,打开"编辑艺术字"对话框,如图 6-36 所示。

图 6-35　艺术字库

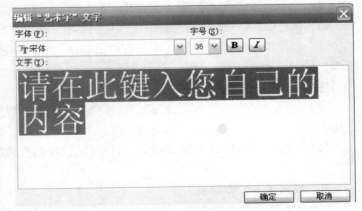

图 6-36　编辑艺术字对话框

（3）输入艺术字字符后,设置好字体、字号等格式,"确定"返回。

（4）调整好艺术字大小,并将其定位在合适位置上即可。

4. 图形的编辑

插入到幻灯片中的图形,可借助 PowerPoint 中的工具
(如图 6-37 所示)及对话框(如图 6-38 所示)设置修改图
形版式、大小、颜色、对比度、裁剪、设置透明色等。

图 6-37　图片工具

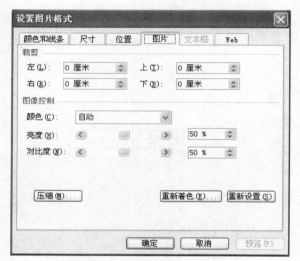

图 6-38　设置图片格式对话框

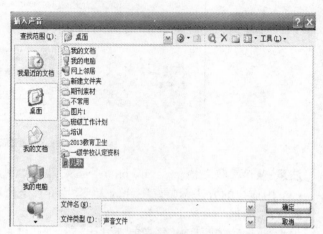

图 6-39　音频插入对话框

三、插入音频

为演示文稿配上声音,可以大大增强演示文稿的播放效果。

(1) 执行"插入"→"影片和声音"→"文件中的声音"命令,打开"插入声音"对话框。

(2) 定位到需要插入声音文件所在的文件夹,选中相应的声音文件,然后按下【确定】按钮,如图 6-39
所示。

注意:演示文稿支持 mp3、wma、wav、mid 等格式声音文件。

(3) 在弹出的快捷菜单中,根据需要选择"自动播放"或"单击播放"选项,即可将声音文件插入到当前幻
灯片中。

注意:插入的声音文件后,会在幻灯片中显示出一个小喇叭图片,在幻灯片放映时,通常会显示在画面
上,为了不影响播放效果,可将该图标移到幻灯片边缘处。

四、插入视频

可以将视频文件添加到演示文稿中,增加演示文稿的播放效果。

(1) 执行"插入→影片和声音→文件中的影片"命令,打开"插入影片"对话框。

(2) 定位到需要插入视频文件所在的文件夹,选中相应的视频文件,然后按下【确定】按钮,如图 6-40
所示。

注意:演示文稿支持 avi、wmv、mpg 等格式视频文件。

(3) 在弹出的快捷菜单中,根据需要选择"自动播放"或"单击播放"选项,即可将影片文件插入到当前幻
灯片中。

(4) 调整处理视频播放窗口的大小,将其定位在幻灯片的合适位置上。

五、插入 Flash 动画

Flash 动画因画面效果好、占用空间小,广泛应用于增加演示文稿效果。

(1) 执行"视图"→"工具栏"→"控件工具箱"命令,展开"控件工具箱"工具栏,如图 6-41 所示。

(2) 单击工具栏上的"其他控件"按钮,在随后弹出的下拉列表中选"Shockwave Flash Object"选项,然
后在幻灯片中拖拉出一个矩形框(此为播放窗口),如图 6-42 所示。

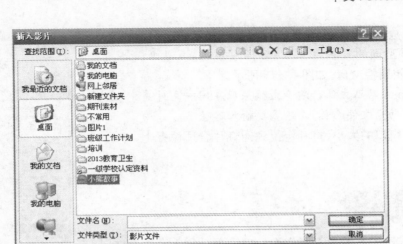

图 6 - 40　影片插入对话框

图 6 - 41　控件工具箱的展开

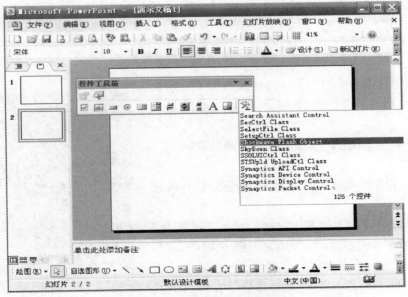

图 6 - 42　Flash 控件对话框

（3）选中上述播放窗口，按工具栏上的"属性"按钮，打开"属性"对话框，在"Movie"选项后面的方框中输入需要插入的 Flash 动画文件名及完整路径，然后关闭属性窗口，如图 6-43 所示。

注意：建议将 Flash 动画文件和演示文稿保存在同一文件夹中，这样只需要输入 Flash 动画文件名称，而不需要输入路径了。

（4）调整好播放窗口的大小，将其定位到幻灯片合适位置上，即可播放 Flash 动画了。

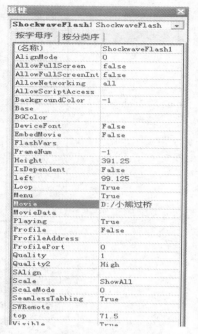

图 6-43　插入动画属性对话框

 任务实训

设计制作大班语言领域"小熊过桥"演示文稿，要求加入合适素材。

1. 任务分析

这是一个制作简易教学辅助软件的任务。制作前应分析以下几点：

（1）制作内容　儿歌：小熊过桥

（2）适合对象　幼儿园大班

（3）分析教学内容及授课对象，编写教案　如图 6-44 所示。

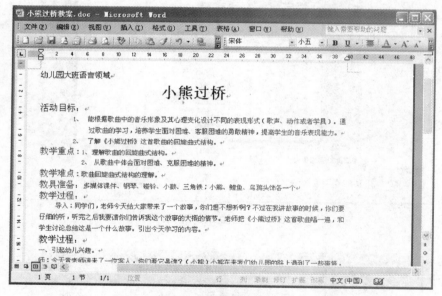

图 6-44　小熊过桥教案

（4）根据教育教学理论和恰当的教学方法编写脚本　所谓脚本，其实就是每个页面有哪些素材，实现哪些功能的具体描述。

（5）根据脚本搜集文字、图片、音频、视频、动画等素材

2. 制作演示文稿

（1）新建文件，根据脚本确定幻灯片数量，确定幻灯片版式和模板。

（2）在第一张标题幻灯片占位符中，选择"插入"→"图片"→"艺术字"，插入艺术字"小熊过桥"。副标题中输入制作人，并修改文字格式。

（3）单击菜单"插入"→"图片"→"来自文件"，在弹出的对

图 6-45　标题样张

话框中选择相应图片插入并设置图片格式,如图 6-45 所示。

(4)第二张幻灯片中输入文字并编辑。单击"插入"→"影片和声音"→"文件中的声音",插入"两只小熊"儿歌,如图 6-46 所示。

图 6-46　目录样张

图 6-47　幻灯片样张

(5)第三张幻灯片中插入图片并作为背景。单击"视图"→"工具栏"→"控件工具箱",插入"小熊过桥"Flash 动画。如图 6-47 所示。

(6)第四张幻灯片中配合儿歌"小竹桥摇啊摇"插入合适的图片和文字。第 5 张到第 20 张依次配合儿歌插入合适图片和文字,如图 6-48 所示。

图 6-48　幻灯片样张

图 6-49　幻灯片样张

(7)第 21 张幻灯片,插入 3 只小熊图片,展示儿歌全内容,如图 6-49 所示。

(8)第 22 张幻灯片,插入一张背景图并根据教学设计提问,如图 6-50 所示。

(9)第 23 张幻灯片,根据教学设计课后延伸。插入一张背景图并设置图片格式为"衬于文字下方"。插入艺术字"我们要做勇敢的好孩子",调整艺术字位置至合适,如图 6-51 所示。

(10)设计完成,单击"文件"→"保存"。

图 6-50　幻灯片样张

图 6-51　幻灯片样张

任务小结:

通过本任务的学习,掌握幻灯片的基本编辑操作。掌握幻灯片中文字、图形、音频、视频、动画等对象的使用。

任务六　放映演示文稿

任务目标

掌握动画、切换效果的设置

掌握超级链接的使用

掌握演示文稿的放映时间、方式等设置

知识讲解

一、幻灯片的切换效果

为了增强幻灯片的放映效果,可以为每张幻灯片设置切换方式,以丰富其过渡效果。

（1）选中需要设置切换方式的幻灯片。

（2）执行"幻灯片放映"→"幻灯片切换"命令,打开"幻灯片切换"任务窗格,如图6-52所示。

（3）选择一种切换方式（如"水平百叶窗"）,并根据需要设置好"速度"、"声音"、"换片方式"等选项,完成设置。如果需要将此切换方式应用于整个演示文稿,只要在上述任务窗格中,单击【应用于所有幻灯片】按钮就可以了。

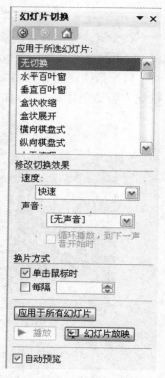

二、创建动画幻灯片

（1）选中需要设置动画对象。

（2）执行"幻灯片放映"→"自定义动画"命令,打开"自定义动画"任务窗格,如图6-53所示。

图6-52　幻灯片切换对话框

（3）单击"添加效果",可设置对象"进入、强调、退出、动作路径"动画。选择一种切换方式（如"飞入"）,并根据需要设置好"速度"、"方向"等选项,完成设置,如图6-54所示。

注意: 在PowerPoint演示文稿中设置好动画后,如果发现播放的顺序不理想,可在"自定义动画"对话框中用拖得鼠标的方法随意调整。

三、设置背景音乐播放

为PowerPoint演示文稿设置背景音乐,这是增强演示效果的重要手段。

（1）选择一首合适的音乐文件,将其插入到第一张幻灯片中。

（2）选择喇叭标记,单击鼠标右键选择"自定义动画"。

（3）弹出自定义动画对话框,选择音乐,右击选择"计时",如图6-55所示。

（4）弹出"播放声音"对话框,选择"效果"、"计时"、"声音设置"选项卡,可对声音播放进行具体设置,如图6-56所示。

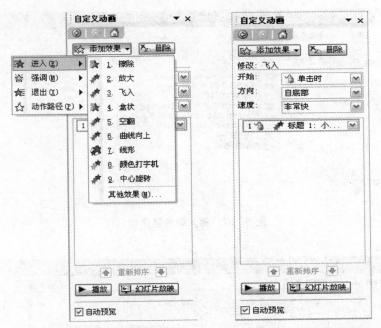

图 6‑53　自定义动画对话框　　　　图 6‑54　"飞入"动画对话框

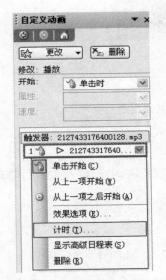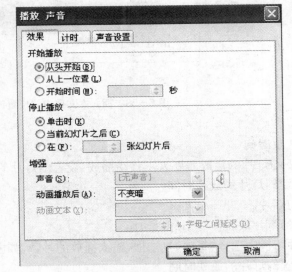

图 6‑55　自定义对话框　　　　　　图 6‑56　声音设置对话框

四、创建超链接

PowerPoint 演示文稿的播放过程中，默认情况下是按照幻灯片顺序连续播放，如果我们要从某张幻灯片快速切换到另外一张不连续的幻灯片中，可以通过"超级链接"来实现。

下面我们以第 2 张"超级链接"到第 8 张幻灯片为例，看看具体的设置过程：

(1) 选择第 2 张幻灯片。

(2) 选择幻灯片中需要超级链接到第 8 张幻灯片的载体(文字、图像等)

(3) 选择菜单"插入"→"超链接"命令，打开"插入超链接"对话框。如图 6‑57 所示。

(4) 在左侧"链接到"下面，选中"本文档中的位置"选项，然后在右侧选中第 10 张幻灯片，确定。如图 6‑58 所示。

超级链接的对象可以是本文档中的位置也可以是外部文件等。

图 6‑57 插入超级链接对话框

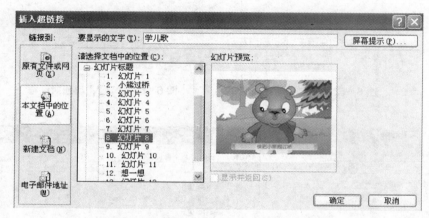

图 6‑58 插入本文档中的位置链接对话框

五、设置放映时间

默认情况下幻灯片的播放需要人工移动播放,设置幻灯片的放映时间,幻灯片可自行播放。

1. 人工设置幻灯片的放映时间

(1) 选择幻灯片。

(2) 单击"幻灯片放映"→"幻灯片切换"。

(3) 幻灯片切换中选择"每隔"复选框,输入播放的秒数,如图 6‑52 所示。

2. 自动设置幻灯片的放映时间

(1) 选择"幻灯片放映"→"排练计时",如图 6‑59 所示。

(2) 出现"预演"对话框,播放可单击【下一页】按钮。

图 6‑59 放映计时

六、控制放映方式

根据不同的需求,放映的对象不同,可设置放映类型,或设置为循环放映等。

(1) 单击"幻灯片放映"→"设置放映方式",如图 6‑60 所示。

(2) 弹出"放映方式对话框"可设置放映类型、放映选项等。

七、启动演示文稿放映

启动演示文稿放映方法有如下几种:

(1) 单击演示文稿左下角的"幻灯片放映"按钮 🖵 。

(2) 选择"幻灯片放映"→"观看幻灯片"。

(3) 选择"视图"→"幻灯片放映"。

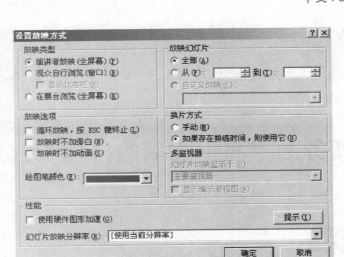

图 6-60　设置放映方式对话框

任务实训

给任务五中"小熊过桥"演示文稿设置超级链接、动画、放映方式等。

1. 设置超级链接

（1）打开演示文稿"小熊过桥"，选中第 2 张幻灯片。选择文字"玩游戏"，右击选择"超级链接"，如图 6-61 所示。

（2）弹出"插入超级链接"对话框，选择"本文档中的位置"，选择位置"幻灯片 23"，单击【确定】，如图 6-62 所示。

实现了"玩游戏"到第 23 张幻灯片的链接。也可以在第 23 张设置一个超级链接返回第 2 张。按照同样的方法设置"看动画"、"学儿歌"、"想一想"的超级链接。

2. 自定义动画

选择第一张标题文字，单击右键选择"自定义动画"，在自定义动画对话框中选择"添加效果"→"进入"→"飞入"，再设置动画项。其他对象设置方法相同。

3. 幻灯片放映

单击菜单"幻灯片放映"→"幻灯片切换"，选择"随机"效果，修改切换效果、换片方式等，并应用于所有的幻灯片。

根据演示文稿内容还可以进行更多的美化设置。设置完成后按[F5]放映，观看放映效果。

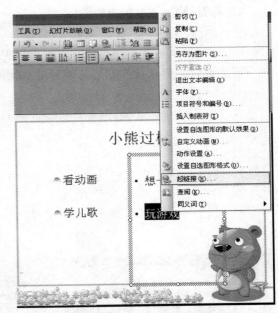

图 6-61　给文字设置超级链接

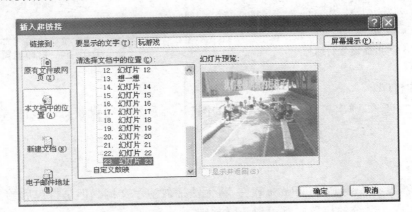

图 6-62　插入超级链接对话框

任务小结:
通过本任务的学习,掌握对象动画、超级链接的使用,能对幻灯片放映进行设置。

任务七　演示文稿的打印及打包

任务目标

掌握演示文稿的打印
掌握演示文稿的打包

知识讲解

一、演示文稿的打印

1. 页面设置

(1) 单击"文件"→"页面设置"。

(2) 弹出"页面设置"对话框,如图6-63所示。

页面设置中可以设置幻灯片编号的起始值、大小、方向等。

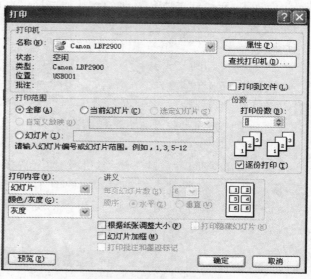

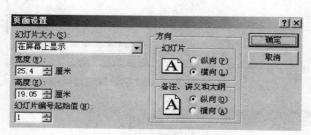

图6-63　页面设置对话框

图6-64　打印设置对话框

2. 演示文稿的打印

单击"文件"→"打印",弹出打印设置对话框,如图6-64所示。可设置打印范围、打印份数、打印内容、讲义设置等。

二、打包成 CD

如果另一台机器没有安装 PowerPoint 软件,将无法播放演示文稿。但是打包后的 PowerPoint 文稿,在任何一台 Windows 操作系统的机器中都可以正常放映。

(1) 单击"文件"→"打包成 CD"。

(2) 单击【添加文件】按钮可增加要打包的文件,如图 6 - 65 所示。

(3) 单击【选项】可选择包含的内容并设置文件打开密码。

(4) 单击【复制到文件夹】按钮。

(5) 单击【确定】按钮,将制作打包文件。

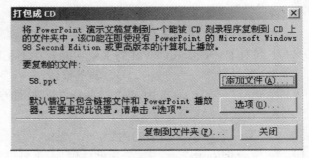

图 6 - 65　打包文件选择对话框

任务实训

将幼儿园大班"小熊过桥"演示文稿打包生成 CD 文件。

任务小结:

本任务仅在使用打包整体用于其他地方时使用,在打包中有一些不太常用的功能和设置选项,使用中有需求可以多注意。

综合实训

结合以上各个任务,制作一个以讲故事为题材的幻灯片演示文稿(课件),要求如下:

(1) 结构合理、层次清晰;

(2) 内容充实;

(3) 图文搭配适当;

(4) 配有适当的动画并设置对象的播放动画和相应的切换效果;

(5) 添加适当的生效和动画、视频等素材。

思考与练习

单选题

1. 通过桌面快捷方式图标启动 PowerPoint,以下操作正确的是_____。

　　A. 左键双击图标　　　　B. 左键单击图标　　　　C. 右键双击图标　　　　D. 右键单击图标

2. PowerPoint 2003 演示文稿默认的扩展名为_____。

　　A. .PPT　　　　　　B. .DOC　　　　　　C. .EXE　　　　　　D. .PTP

3. 在 PowerPoint 2003 中,超级链接一般不可以链接到_____。

　　A. 文本文件的某一行　B. 幻灯片　　　　C. 因特网上的某个文件 D. 图像文件

4. PowerPoint 2003 是_____。

　　A. Windows 98 的组件之一　　　　　　B. Windows NT 的组件之一

　　C. Microsoft Office 2003 的组件之一　　D. 一个独立的应用软件

5. PowerPoint 2003 主要是用来制作_____的软件。

　　A. 多媒体动画　　　　B. 网页站点　　　　C. 电子表格　　　　D. 演示文稿

6. 在 PowerPoint 2003 中可以插入的内容有_____。

　　A. 图表、图像　　　　B. 声音、影片　　　　C. 幻灯片、超级链接　　D. 以上几个方面

7. 在 PowerPoint 2003 中,下列有关移动和复制文本叙述中,不正确的是_____。

A．文本在复制前，必须先选定   B．文本复制的快捷键是［Ctrl］+［C］

C．文本的剪切和复制没有区别   D．文本能在多张幻灯片间移动

8. 下列对 PowerPoint 2003 的主要功能叙述不正确的是_____。

     A．课堂教学   B．学术报告   C．产品介绍   D．休闲娱乐

9. 在 PowerPoint 2003 中，用"文件"→"新建"命令可_____。

     A．在文件中添加一张幻灯片   B．重新建立一个演示文稿

     C．清除原演示文稿中的内容   D．插入图形对象

10. 在 PowerPoint 2003 中，关于设计模板，下列的说法正确的是_____。

     A．只限定了模板类型，可以选择版式   B．既限定了模板类型，又限定了版式

     C．不限定模板类型和版式   D．不限定模板类型，限定版式

11. 在 PowerPoint 2003 中，下列说法错误的是_____。

     A．可以利用自动版式建立带剪贴画的幻灯片，用来插入剪贴画

     B．可以向已存在的幻灯片中插入剪贴画

     C．可以修改剪贴画

     D．不可以为图片重新上色

12. 在 PowerPoint 2003 中，下列有关在应用程序间复制数据的说法中错误的是_____。

     A．只能使用复制和粘贴的方法来实现信息共享   B．可以将幻灯片复制到 Word 中

     C．可以将幻灯片移动到 Excel 工作簿中   D．可以将幻灯片拖动到 Word 中

13. 在 PowerPoint 2003 中，在幻灯片浏览视图下，按住 Ctrl 并拖动某幻灯片，可以完成_____操作。

     A．移动幻灯片   B．复制幻灯片   C．删除幻灯片   D．选定幻灯片

14. 在 PowerPoint 2003 中，"格式"下拉菜单中的_____命令可以用来改变某一幻灯片的布局。

     A．背景   B．幻灯片版式   C．幻灯片配色方案   D．字体

15. PowerPoint 2003 中，要观看所有幻灯片，应选择_____工作视图。

     A．幻灯片浏览   B．普通   C．幻灯片放映   D．幻灯片

16. PowerPoint 2003 中，演示文稿的基本组成单元是_____。

     A．文本   B．图形   C．超链点   D．幻灯片

17. 在 PowerPoint 2003 中，将已经创建的多媒体演示文稿转移到其他没有安装 PowerPoint 2003 软件的机器上放映的命令是_____。

     A．演示文稿打包   B．演示文稿发送   C．演示文稿复制   D．设置幻灯片放映

18. PowerPoint 2003 在幻灯片中建立超链接有两种方式：通过把某对象作为超链点和_____。

     A．文本框   B．文本   C．图形   D．动作按钮

19. PowerPoint 2003 中，幻灯片上可以插入_____多媒体信息。

     A．声音、音乐和图片   B．声音和影片

     C．声音和动画   D．剪贴画、图片、声音和影片

20. PowerPoint 2003 的超级链接命令可_____。

     A．实现幻灯片之间的跳转   B．实现演示文稿幻灯片的移动

     C．中断幻灯片的放映   D．在演示文稿中插入幻灯片

21. 在 PowerPoint 2003 中，下列关于幻灯片的叙述错误的是_____。

     A．它是演示文稿的基本组成单位   B．可以插入图片、文字

     C．可以插入各种超链接   D．单独一张幻灯片不能形成放映文件

22. PowerPoint 2003 中，下列说法错误的是_____。

     A．可以动态显示文本和对象   B．可以更改动画对象的出现顺序

     C．图表不可以设置动画效果   D．可以设置幻灯片切换效果

23. 在 PowerPoint 2003 中，下列选项关于演示文稿打包的叙述错误的是_____。

     A．打包后链接的文件会部分丢失   B．分为打包和解包两个过程

     C．打包的主要目的是便于在没有安装 PowerPoint 2003 的机器上播放

D. 打包时可不包含播放器

24. PowerPoint 2003 中带有很多的图片文件，可以通过插入＿＿＿＿＿＿，将它们加入演示文稿。

A. 剪贴画 　　　　　　　B. 自选图形 　　　　　　　C. 对象 　　　　　　　D. 符号

25. PowerPoint 2003 中，下列说法正确的是＿＿＿＿＿＿。

A. 不可以在幻灯片中插入剪贴画和自定义图像 　　B. 可以在幻灯片中插入声音和影像

C. 不可以在幻灯片中插入艺术字 　　D. 不可以在幻灯片中插入超链接

模块七

COMPUTER

计算机网络及 Internet 的应用

模块简介：

  随着人类社会的不断进步、经济的迅猛发展以及计算机的广泛应用,人们对信息的要求越来越强烈,计算机网络的运用也更广泛。从事幼儿教育工作的幼儿教师,工作对象及工作性质的特殊性,决定了网络知识对幼儿教师的重要性。

学习目标

- 掌握计算机网络基础知识
- 了解 Internet 基本知识
- 掌握 Internet Explorer 使用
- 掌握搜索引擎的使用
- 掌握网络资源的获取方法
- 掌握电子邮件的使用
- 了解网络常用软件使用

任务一　计算机网络综述

任务目标

对计算机网络有初步了解

知识讲解

一、计算机网络概述

1. 计算机网络概念

计算机网络是利用通信设备和网络软件,把分布在不同地理位置的多台独立的计算机系统及其他智能设备互相连起来,实现相互通信和资源共享。

2. 网络主要功能

(1)资源共享

① 共享硬件:大容量磁盘、打印机、绘图仪、扫描仪(可以节约资源,提高利用率)。

② 数据共享:减低纸张和软盘传递量。

③ 软件共享:网络会议等。

(2)信息通信　信息通信是计算机网络最基本的功能,包含传输文件、远程登录、电子商务等。

二、计算机网络的分类

计算机网络种类繁多,根据网络结构和性能的不同,可以有不同的分类方法。

1. 按照网络覆盖范围

(1)局域网　通信距离较小,其覆盖范围一般在几米到十公里,所属为一个机房、单位等。

(2)城域网　专门覆盖一个城市的网络系统,其覆盖范围一般在 10~100 公里。传输速率介于局域网和广域网之间,所属为一个城市。

(3)广域网　也称为远程网,其覆盖范围一般在几百公里到几千公里。其所属为城市与城市、省和省、国家与国家之间。

2. 按照传输介质

计算机网络中要实现数据的通信和资源共享等,需要一定的介质进行传输。按照传输介质的不同网络分为同轴电缆网络、双绞线网络、光纤网络、卫星、激光、微波等网络(无线网络)。

3. 按照网络应用范围

随着信息技术的不断发展,计算机网络已经渗透到社会的各个领域当中,按照应用范围计算机网络分为校园网、政府网、企业网、银行网、证券网等。

4. 按照网络拓扑结构

网络的拓扑结构是指计算机网路中通信线路和站点的排列方式。按照网络拓扑结构不同计算机网路分为总线型网络、星型网络、扩展星型结构、环型结构、网状结构。

 任务实训

1. 理解网络的主要功能,查询资料了解网络的其他功能。

2. 归纳分析网络的分类。

任务小结:
通过本任务的学习,要求掌握计算机网络的概念、功能及分类。

任务二　计算机网络基础

 任务目标

掌握计算机网络连接的介质、设备等基础知识

了解计算机网络协议

知识讲解

一、计算机网络连接

计算机网络是由负责传输数据的网络传输介质和网络设备,使用网络的计算机终端设备和服务器,以及网络操作系统组成。

1. 网络传输介质

有 4 种主要的网络传输介质:双绞线电缆、光纤、微波、同轴电缆,如图 7-1～7-4 所示。

图 7-1　双绞线电缆

图 7-2　光纤

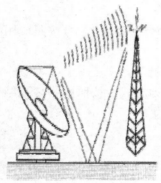

图 7-3　微波

图 7-4　同轴电缆

在局域网中的主要传输介质是双绞线,这是一种不同于电话线的 8 芯电缆,具有传输 1 000 Mbps 的能力。光纤在局域网中多承担干线部分的数据传输。使用微波的无线局域网,由于灵活性而逐渐普及。早期的局域网中使用网络同轴电缆,从 1995 年开始,网络同轴电缆被逐渐淘汰。

2. 网络交换设备

网络交换设备是把计算机连接在一起的基本网络设备。计算机之间的数据包通过交换机转发,如图 7-5 所示。因此,计算机要连接到局域网络中,必须首先连接到交换机上。不同种类的网络使用不同的交换机。

图 7-5　交换机

图 7-6　集线器

如图 7-6 所示,集线器(Hub)的价格低廉,但会消耗大量的网络带宽资源。由于局域网交换机的价格已经低于 PC 计算机,所以正式的网络已经不再使用 Hub。

3. 网络互联设备

网络互联设备主要是指路由器,如图 7-7 所示。路由器是连接网络的必须设备,在网络之间转发数据。路由器不仅提供同类网络之间的互相连接,还提供不同网络之间的通讯,比如局域网与广域网的连接、以太网与帧中继网络的连接等。

图 7-7 路由器

在广域网与局域网的连接中,调制解调器也是一个重要的设备。如图 7-8 所示,调制解调器将数字信号调制成频率带宽更窄的信号,以适于广域网的频率带宽。最常见的是使用电话网络或有线电视网络接入互联网。

图 7-8 调制解调器

图 7-9 中继器

中继器是一个延长网络电缆和光缆的设备,对衰减了的信号起再生作用,如图 7-9 所示。

4. 网络终端与服务器

网络终端也称网络工作站,是使用网络的计算机、网络打印机等。在客户/服务器网络中,客户机指网络终端。

网络服务器是被网络终端访问的计算机系统,通常是一台高性能的计算机。网络服务器是计算机网络的核心设备,网络中可共享的资源,如数据库、大容量磁盘、外部设备和多媒体节目等,通过服务器提供给网络终端。

5. 网络操作系统

网络操作系统是安装在网络终端和服务器上的软件。网络操作系统完成数据发送和接收所需要的数据分组、报文封装、建立连接、流量控制、出错重发等工作。现代的网络操作系统都是随计算机操作系统一同开发的,网络操作系统是现代计算机操作系统的一个重要组成部分。

二、协议

计算机网络中保障数据的交换,就必须遵守一定的规则。这个规则以及执行标准就称为网络协议。局域网常用的网络通信协议包括 TCP/IP 协议、NetBEUI 协议、IPX/SPX 协议。TCP/IP 协议是互联网的基础协议。若通过局域网访问互联网就要详细设置 IP 地址、网关、子网掩码、DNS 等。

 任务实训

归纳总结网络连接的硬件设备及软件设置。

任务小结:
通过本任务的学习,要求掌握网络的硬件连接设备知识,了解网络连接的协议基础。

任务三　Internet 基础

 任务目标

　　了解 Internet 提供的基本服务
　　理解 Internet IP 地址与域名知识
　　掌握 IE 浏览器的使用
　　掌握搜索引擎的使用
　　掌握网络资源的获取方法及技巧
　　掌握电子邮件的使用

 知识讲解

一、Internet 的基本服务

1. WWW 服务

　　Internet 译为因特网,也叫国际互联网。Internet 服务平台提供了一种著名的服务——WWW 服务。WWW(World Wide Web)称为万维网,WWW 服务又称为 Web 服务,是因特网上的一种服务形式,由全球万维网服务器托管的万维网站点(或称网站),与因特网相连接,网站的信息资源是以网页的形式组织的,每个网页可以展示文本、图形图像和声音等多媒体信息,并提供各种链接。网页是用超文本标记语言编写(HTML),包含描述或规定网页结构的各种标记,可包含文本、声音、图像、动画和视频等信息。

2. 超文本传输协议(HTTP)

　　一种用来将浏览器发出的请求发送至 Web 服务器,并将 Web 服务器上的网页传送回请求的浏览器的通信协议。

3. 电子邮件

　　电子邮件是以电子方式收发并传递信件,为 Internet 上的用户提供了快速、简便、廉价的现代化通信手段。

4. 远程登录(Telnet)

　　Telnet 是用来在因特网上进行远程访问的一种协议。远程登录可以让一台计算机通过网络与远程的另一台计算机建立连接,使得本地计算机如远程计算机的终端一样,可以操作远程计算机。

5. 文件传输(FTP)

　　文件传输服务是由 TCP/IP 中的文件传输协议 FTP 支持的,它允许用户将文件从一台计算机传输到另一台计算机上,并保证传输的可靠性。

二、Internet 地址与域名

1. IP 地址

　　(1) IP 地址　因特网上的每台计算机都有自己的唯一地址,因为是在网际协议(IP)中规定和使用的,所以称为 IP 地址。

　　(2) 地址格式和分类　每个 IP 地址由 32 位二进制位,即由 4 个字节的代码组成。书写时用圆点分隔的十进制数字表示法。

　　IP 地址被分割成两部分,前半部分称为网络地址,后半部分称为主机地址,见表 7-1。

　　如 01101100　01110000　00001010　011000000 **转化为**　108.112.10.96

表 7-1　IP 地址

IP 地址分类	IP 地址范围	网络地址长度	主机地址长度
A 类	1.0.0.0～127.255.255.255	8	24
B 类	128.0.0.0～191.255.255.255	16	16
C 类	192.0.0.0～223.255.255.255	24	8
D 类	224.0.0.0～239.255.255.255	多点广播	
E 类	240.0.0.0～255.255.255.255	保留	

2. 域名

每个域名由若干个子域名组成,用圆点分开,子域名由若干个字母和数字组成,子域名不超过 63 个字符,整个域名不能超过 256 个字符,见表 7-2、7-3。如,www.online.sh.cn,cn 为顶级域名,sh 为二级域名,online 为三级域名。

表 7-2　以机构区分的域名

机构含义	域名	机构含义	域名
商业机构	com	军事机构	mil
教育机构	edu	网络运行与服务中心	Net
政府机构	gov	非营利机构	org
国际组织	int	中国	cn

表 7-3　地理类域名

区域	国别/地区	区域	国别/地区
cn	中国	fr	法国
us	美国	au	澳大利亚
gb	英国	ca	加拿大
jp	日本	……	……

三、网络应用模式

1. 客户机/服务器模式(C/S)

客户机是体系结构的核心部分,是一个面向最终用户的接口设备或应用程序。它是一项服务的消耗者,可向其他设备或应用程序提出请求,然后再向用户显示所得信息;服务器是一项服务的提供者,它包含并管理数据库和通信设备,为客户请求过程提供服务;连接支持是用来连接客户机与服务器的部分,如网络连接、网络协议、应用接口等。

2. 浏览器/服务器模式(B/S)

客户端的功能由浏览器完成,统一的浏览器不随系统变化。因特网提供的基本服务出现的先后顺序:Telnet(远程登录)、E-mail(电子邮箱)、USEnet(新闻组)、FTP(文件传输)、Archie(文档检索),Gopher(信息查询)、WWW(万维网)。

四、用 IE 浏览网页

1. 统一资源定位符(URL)

统一资源定位符(URL)是平常所用的网页地址,格式:

协议名称://[用户名:口令@]主机名[:端口]/目录/文件说明

协议名称指明使用何种协议访问资源,如,http://,ftp://。主机名指明资源所在服务器,可以是 IP 地址,也可以是域名。目录指明所要存取的资源所在服务器中存放的目录路径。文件说明指明所要存取的资源在服务器中使用的文件名称。

2. 浏览器简介

接入因特网后，还需要装上浏览软件，才能浏览网上信息，这种浏览软件称为浏览器。浏览器的种类有很多，常用的是微软公司的 IE 浏览器，另外还有腾讯 TT、火狐浏览器、360 浏览器等。

3. IE 浏览器的简介

Internet Explorer 浏览器（简称 IE 浏览器），是 Microsoft 微软公司设计开发的一个功能强大、很受欢迎的 Web 浏览器。IE 浏览器界面由标题栏、菜单栏、地址栏、状态栏、浏览窗口等组成，如图 7 - 10 所示。

图 7 - 10　IE 界面

4. IE 浏览器的启动

启动 IE 浏览器的方法有 3 种：

（1）桌面快捷方式　如图 7 - 11 所示，双击桌面快捷图标，启动 IE 浏览器。

图 7 - 11　桌面快捷方式启动 IE 浏览器

图 7 - 12　快速启动栏

图 7 - 13　开始菜单启动

（2）快速启动栏　如图 7 - 12 所示，单击快速启动栏 IE 图标，启动 IE 浏览器。

（3）开始菜单方式　点击"开始"→"程序"→"Internet Explorer"，如图 7 - 13 所示。

5. 浏览网页

（1）启动 IE 浏览器。

（2）在地址栏中输入网页地址（如隆昌幼儿师范学校网站的网址 www.sclcys.com），回车，即可打开如图 7 - 14 所示的主页。

图 7 - 14 进入"隆昌幼儿师范学校"主页

（3）浏览 IE 上的内容，单击鼠标左键，即可打开关于该信息的 IE 浏览器窗口，如图 7 - 15 所示。

图 7 - 15 打开的"学校概况"窗口

（4）浏览结束时，单击窗口右上角的"关闭"按钮，即可关闭一个 IE 窗口。

五、搜索引擎的使用

1. 搜索引擎（search engines）

搜索引擎是一个提供信息检索服务的网站，它使用某些程序把因特网上的所有信息归类以帮助人们在茫茫网海中搜寻到所需要的信息。它包括信息搜集、信息整理和用户查询 3 部分。

2. 搜索引擎分类

搜索引擎按其工作方式主要可分为 3 种：全文搜索引擎（full text search engine）、目录索引类搜索引擎（search index/directory）和元搜索引擎（meta search engine）。

3．搜索引擎使用技巧

（1）基本搜索技巧

① 选择最好的搜索工具。每一个搜索都是不同的，如果为每一个搜索都选择最好的搜索工具，每次都会得到最好的搜索结果。最常见的选择是使用全文搜索引擎。

一般的规则是，如果在找特殊的内容或文件，使用全文搜索引擎如百度，如果想从总体上或比较全面的了解一个主题，使用网站分类目录如雅虎。

对于特殊类型的信息考虑使用特殊的搜索工具，比如要找人或找地点，使用专业的寻人引擎或地图和位置搜索网站。

② 使用组合搜索关键词。仔细思考关键词，搜索引擎根据关键词提供最好结果。好的搜索请求应该包含多个能限制搜索范围的关键词。

③ 使用自然语言搜索。多数搜索引擎对自然语言的处理很好。搜索引擎能够从语句结构得到很有用的信息，不会像仅几个关键词那样容易迷失。

与其输入几个不合语法的关键词，还不如试一下一句自然的提问。与其搜索"成都公交车路线"，不如试一下"我在成都如何乘坐公交车？"

④ 培养自己有效的搜索习惯。

不要一搜到满意的结果就离开搜索引擎，要思考、回顾，培养快速和有效找到所需内容的搜索习惯。

（2）百度搜索引擎使用　百度是全球最大的中文搜索引擎网站，界面如图 7-16 所示。选择模块并输入相应关键字，再单击【百度一下】就可以搜索相应信息。

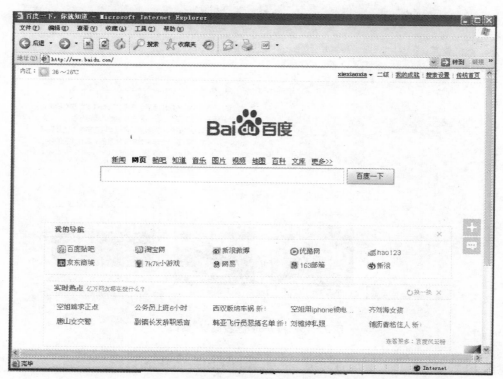

图 7-16　百度界面

六、电子邮件使用

1．E-mail 系统的工作原理

电子邮件指计算机网络上的各个用户之间，通过电子信件的形式进行通信的一种现代邮政通信方式。电子邮件以文本内容为主，也可采用 Web 网页形式，并附加程序、文档、电子表格、图像、动画、音频、视频等多媒体内容。包含简单邮件传输协议 SMTP、邮局协议 POP3、Internet 消息访问协议 IMAP、多用途 Internet 邮件扩展协议 MIME。电子邮件服务遵循客户/服务器工作模式，如图 7-17 所示。

2. 电子邮件地址

（1）E-mail 地址的格式　邮箱地址的格式：Username@hostname

用户在邮件服务器上的帐号@邮件服务器的域名

如，abc123@163.com。

（2）申请免费 E-mail 地址　在提供邮件服务的公用网网站上申请 E-mail 地址：

① 打开申请邮箱的页面后单击"申请"或"注册"。

② 阅读许可协议，单击【同意】。

③ 输入账号和个人资料，单击【确定】。

④ 邮箱注册成功。

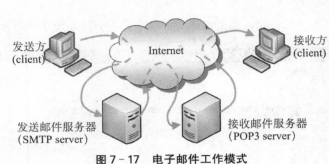

图 7-17　电子邮件工作模式

3. Outlook Express 的使用

Outlook Express 不是电子邮箱的提供者，它是 Windows 操作系统的一个收、发、写、管理电子邮件的自带软件，即收、发、写、管理电子邮件的工具，使用它收发电子邮件十分方便。

（1）双击桌面上 Outlook Express 图标启动，单击"工具"→"帐号"，如图 7-18 所示。

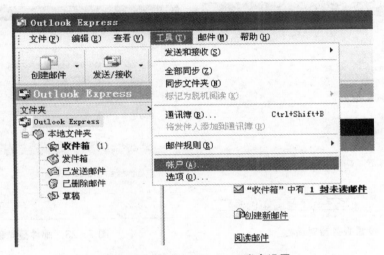

图 7-18　Outlock Express 账户设置

（2）在弹出的 Internet 账户窗口中，单击"邮件"标签后单击【添加】按钮，在出现的菜单中单击"邮件"命令，以添加一个邮件账户，如图 7-19 所示。

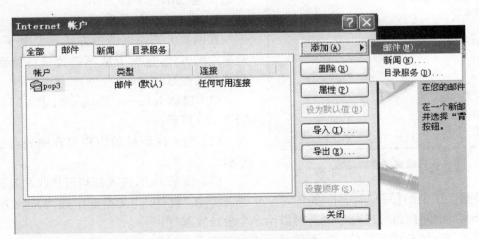

图 7-19　添加邮件账户对话框

（3）输入您的姓名后单击【下一步】，如图7-20所示。

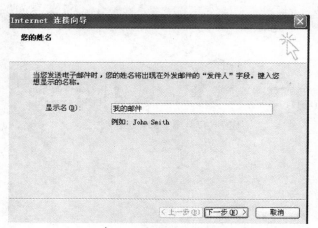

图7-20 设置姓名对话框

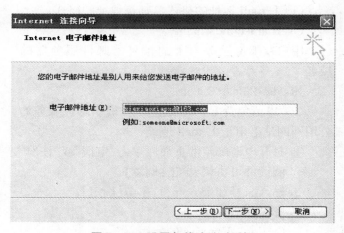

图7-21 设置邮件地址对话框

（4）输入邮件地址后单击【下一步】。如图7-21所示。

（5）填入邮件接收服务器和发送邮件服务器，填完后单击【下一步】，如图7-22所示。

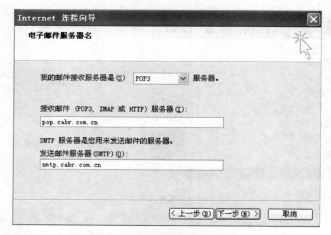

图7-22 设置服务器对话框

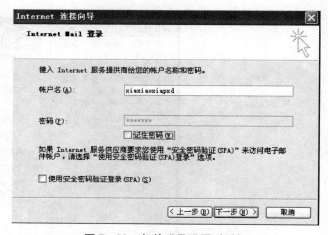

图7-23 邮件登录设置对话框

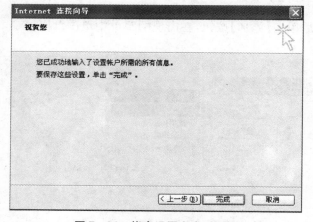

图7-24 帐户设置完成对话框

（6）输入的邮件账户密码后单击【下一步】。如图7-23所示。

（7）在下一个出现的对话框中单击【完成】，完成账户的设置，如图7-24所示。

4. Webmail 的使用

在网页上采用浏览器方式收发电子邮件是用户普遍采用的方式，这种方式不需要进行特别的设置，只需要邮箱的帐号和密码。

（1）启动 Internet Explorer，进入网易邮箱网页，如图7-25所示。

（2）输入注册好的用户名和密码登录，如图7-26所示。

（3）登录成功，进入邮箱可接收和发送邮件等操作。

① 单击邮箱主页中的【写信】按钮，如图7-27所示。在"收件人"文本框中输入接收方邮件地址（如 sclcys@163.com），中间用逗号或分号隔开可以给多个地址发邮件。

② "抄送"和"密送"指该邮件的副本要给什么人发送以及发送的方式，一般为空。

③ "主题"文本框中输入邮件的标题，在最下面的编辑框中输入邮件的正文。邮件正文的文本可修改字

图 7-25　网易邮箱登录界面

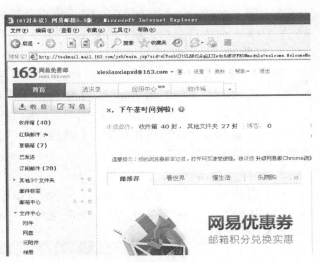

图 7-26　网易邮箱界面

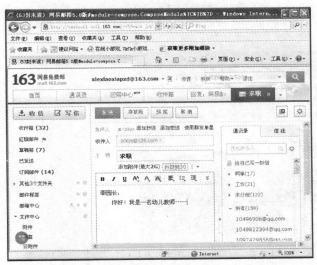

图 7-27　写信

图 7-28　收信

体、颜色、大小等格式。

④ 单击【添加附件】选项，可附加程序、文档、电子表格、图像、动画、音频、视频等内容。

⑤ 单击邮箱主页中的【收信】按钮，如图 7-28 所示。单击对应主题即可阅读本邮件内容。

⑥ 在邮箱界面还可以单击不同选项内容，可添加通讯录、删除邮件、订阅邮件等操作。

任务实训

1．IP 地址的安装和设定

（1）TCP/IP 协议安装　双击"本地连接"→属性，打开本地连接属性窗口，如图 7-29 所示，可以在此窗口查看和安装 TCP/IP 协议。

（2）IP 地址的设定　同样在本地连接属性窗口，可以查看 TCP/IP 属性，设置 IP 地址和子网掩码。

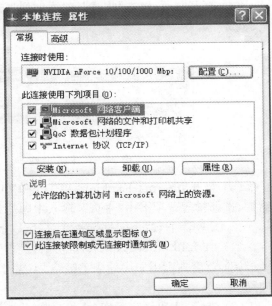

图 7-29　本地连接属性对话框

（3）用 ipconfig 命令检查 TCP/IP 设置以及其他信息　单击"开始"菜单中的"运行"选项，输入"cmd"命令，进入 DOS 命令行窗口。输入"ipconfig"命令，可以查看本机网卡的 IP 地址和子网掩码。

2．网络连通性的测试与故障排除

单击"开始"菜单中的"运行"选项，输入"PING"命令可进行网络故障的检查：

（1）Ping 127.0.0.1（若 Ping 通，表示网卡工作正常；否则要检查网卡）。

（2）Ping 本台计算机的 IP 地址（若 Ping 通，表示本机网络设置正常；否则要检查相关的网络配置）。

（3）Ping 与本台计算机连在同一台集线器上的其他计算机的 IP 地址（若 Ping 通，表示网络工作正常；否则要检查连网设备和物理线路）。

3．保存、收藏网页并设为主页

（1）启动 Internet Explorer，地址栏中输入"http://www.cn0-6.com"，进入网页浏览网页内容。

（2）执行"文件"→"另存为"菜单命令，如图 7-30 所示。

图 7-30　网页保存

（3）打开保存网页对话框，设备保存路径、名字、类型，单击保存，完成网页的保存。

（4）打开网页，单击"收藏"→"添加到收藏夹"，弹出对话框中选择确定，完成网页的收藏，如图 7-31 和 7-32 所示。

图 7-31　网页收藏

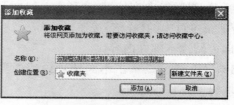

图 7-32　网页收藏

（5）打开 Internet Explorer，单击菜单"工具"→"Internet 选项"，如图 7-33 所示，弹出 Internet 选项对话框，选择常规选项卡中"主页"，输入中国幼儿网网址，确定即可。

4．IE 查询下载"小熊过桥教案"

（1）启动 Internet Explorer，进入百度搜索引擎。

（2）百度搜索引擎中输入关键字"小熊过桥教案"，如图 7-34 所示，搜索查询到语言教案文字，打开相应网页。

（3）选择"大班语言教案（小熊过桥）"文字，单击"编辑"→"复制"，如图 7-35 所示。

（4）单击"程序"→"附件"→"记事本"，单击"编辑"→"粘贴"（也可粘贴到 Word 中）。

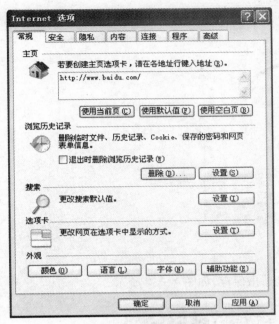

图 7 - 33　常规选项卡

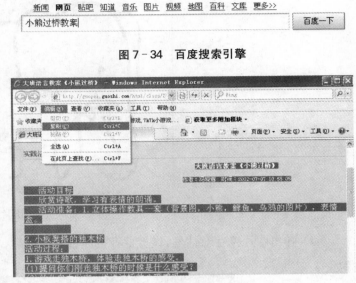

图 7 - 34　百度搜索引擎

图 7 - 35　网页中选定内容

（5）保存记事本文件。

5. IE 查询下载幼儿简笔画图片

（1）启动 Internet Explorer，进入百度搜索引擎。

（2）百度搜索引擎中切入到"图片"选项，输入关键字"幼儿简笔画"，搜索查询到简笔画图片，如图 7 - 36 所示。

图 7 - 36　百度图片

（3）打开需要图片网页，鼠标指向图片单击右键选择"图片另存为"，如图 7 - 37 所示。

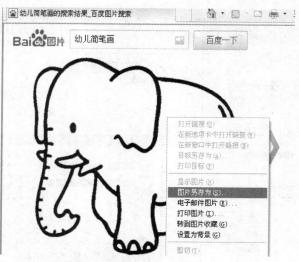

图 7-37 图片保存

（4）弹出图片保存对话框，设置保存的路径和名字后，直接单击保存，如图 7-38 所示。

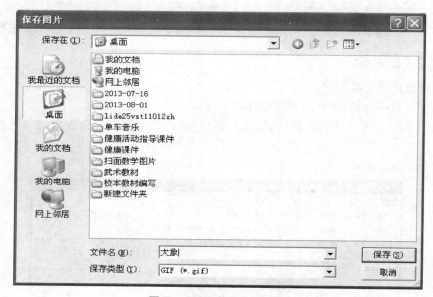

图 7-38 图片保存对话框

6. IE 查询下载儿歌"两只老虎"音频、视频

方法一：

（1）启动 Internet Explorer，进入百度搜索引擎。

（2）百度搜索引擎中输入关键字"儿歌两只老虎"，如图 7-39 所示，搜索查询到相应网页。

（3）打开网页，鼠标指向下载链接地址单击下载。

（4）弹出保存对话框，设置保存的路径和名字后，直接单击保存，如图 7-40 所示。

方法二：

（1）启动 Internet Explorer，进入百度搜索引擎。

（2）百度搜索引擎中输入关键字"儿歌两只老虎"，搜索查询到相应网页。

（3）打开网页，单击播放音频或者视频。

（4）音频、视频自然播放结束后，单击网络浏览器"工具"→"Internet 选项"，如图 7-33 所示。

（5）打开 Internet 临时文件夹，如图 7-41 所示，按照详细信息排列文件，根据音频、视频播放网址、文件类型、时间、大小等信息，找到文件。

图 7-39　百度搜索引擎

图 7-40　下载保存对话框

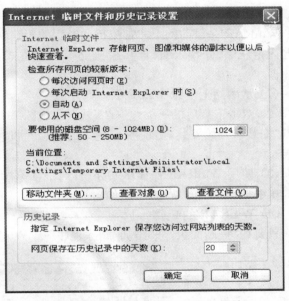

图 7-41　Internet 临时文件设置对话框

（6）选择找到的音频文件，单击"编辑"→"复制"，回到电脑桌面，单击"编辑"→"粘贴"。完成文件的下载。

说明：音视频下载还可以借助下载工具下载；音视频下载方法大致相同。

7．Webmail 发送"幼儿教师"求职简历

（1）启动 Internet Explorer，输入网址"mail.163.com"，进入网易邮件登录界面。

（2）输入邮箱用户名和密码登录网易邮箱。

（3）单击【写信】，输入收件人邮箱地址、主题，单击【添加附件】，添加电脑中的求职简历。

（4）直接单击【发送】。

任务小结：

通过本任务的学习，要求掌握网络基础、IE 使用、搜索引擎使用、资源下载以及电子邮件使用。

任务四　常用的 Internet 工具

 任务目标

理解压缩文件使用
会使用网际快车下载网络资源
熟悉 360 杀毒软件使用

知识讲解

一、压缩软件 WinRAR

WinRAR 是目前网上非常流行和通用的压缩软件,全面支持 zip 和 ace,支持多种格式的压缩文件,可以创建固定压缩、分卷压缩、自释放压缩等多种方式,可以选择不同的压缩比例,实现最大程度的减少占用体积。

(1) 从网站上下载 WinRAR。

(2) 双击下载后的压缩包安装,就会出现图 7-42 的安装界面。在图 7-42 中点"浏览"选择好安装路径后点"安装",开始安装,出现图 7-43 的选项。设置完成后,点【确定】,如图 7-44 所示,单击【完成】结束安装。

(3) 使用 WinRAR 快速压缩和解压。WinRAR 支持在右键菜单中快速压缩和解压文件,操作十分简单。压缩如图 7-45 所示,解压如图 7-46 所示。

(4) WinRAR 的卸载

只要在"控制面板"→"添加/删除程序"→"WinRAR 压缩文件管理器"→"添加/删除"就可以卸载了。

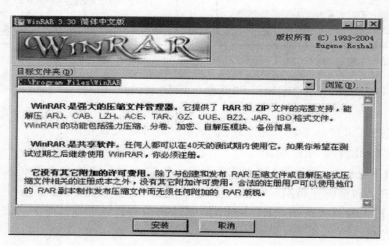

图 7-42　设定目标文件夹

二、网际快车

网际快车采用业界领先的 MHT 下载技术,采用 SDT 插件预警技术充分确保安全下载;兼容 BT、传统(HTTP、FTP 等)等多种下载方式。

(1) 从网站上下载一个网际快车(FlashGet)简体中文版。

(2) 下载到电脑上后,双击安装。安装过程中,一直点【下一步】继续,可以选择安装路径,如图 7-47 所示。

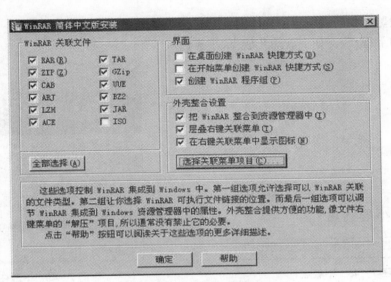

图 7-43 设置关联等

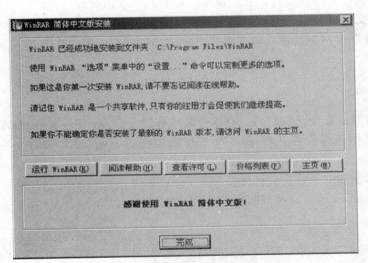

图 7-44 感谢和许可

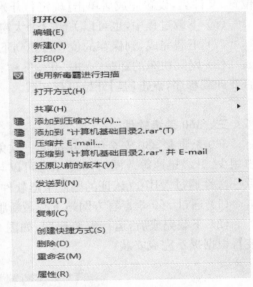

图 7-45 压缩文件

图 7-46 解压文件

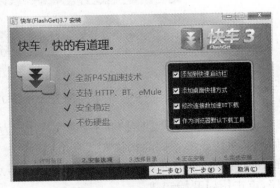

图 7-47 FlashGet 安装界面

(3) 登录网络浏览器找到需下载的软件网页。

(4) 找到下面的下载点，例如下载幼儿故事“小猫钓鱼”，如图 7－48 所示。

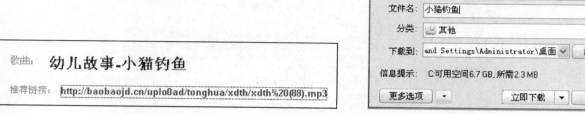

歌曲：
幼儿故事-小猫钓鱼
推荐链接：
http://baobaojd.cn/uplo0ad/tonghua/xdth/xdth%20(88).mp3

图 7－48　下载点

新建任务
暴头 你会吗？
全屏模式
开始射击
下载网址：
.obaojd.cn/uplo0ad/tonghua/xdth/xdth%20(88).mp3
文件名：
小猫钓鱼
分类：
其他
下载到：
and Settings\Administrator\桌面
浏览...
信息提示：
C:可用空间6.7 GB，所需2.3 MB
更多选项
立即下载
取消

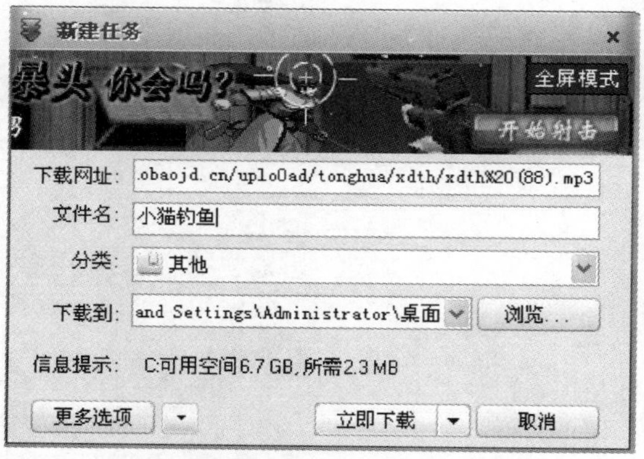

图 7－49　下载任务设置对话框

(5) 鼠标指向下载点，单击右键，选择“使用网际快车下载”。这时会弹出一个窗口，可以更改软件存放位置、文件名，设置完成后单击【确定】，开始下载，如图 7－49 所示。

(6) 下载过程中，也可以关闭这个大窗口。让它后台运行。有小窗口可以看到下载情况。

(7) 下载完成，到保存的位置可找到下载文件。

(8) 网际快车的卸载：点击“开始”→“程序”→“网际快车”，点击“网际快车”菜单项。网际快车会询问是否要卸载程序，点击【是】开始进行卸载。

三、360 杀毒软件

360 杀毒是 360 安全中心出品的一款免费的云安全杀毒软件。360 杀毒具有以下优点：查杀率高、资源占用少、升级迅速等。同时，360 杀毒可以与其他杀毒软件共存，是一个理想杀毒备选方案。360 杀毒是一款一次性通过 VB100 认证的国产杀毒软件。

(1) 通过 360 杀毒官方网站下载最新版本的 360 杀毒安装程序。

(2) 下载完成后，运行安装程序，如图 7－50 所示。勾选“我已阅读并同意许可协议”，并点击【立即安装】，根据提示完成安装。

360杀毒
正式版 4.2.0.4055
立即安装
我已阅读并同意 许可协议
自定义安装

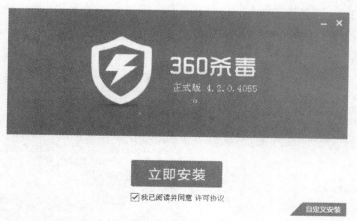

图 7－50　360 杀毒安装

(3) 360 杀毒具有实时病毒防护和手动扫描功能，为系统提供全面的安全防护。启动 360 杀毒软件（如图 7－51 所示），可以选择不同的扫描方式查杀病毒。

(4) 卸载软件：点击“开始”→“程序”→“360 杀毒”，点击“卸载 360 杀毒”菜单项。360 杀毒会询问是否要卸载程序，点击【是】开始卸载。

图 7-51　360 杀毒软件界面

 任务实训

用网际快车下载视频"幼儿故事三只小猪",并用 360 查杀病毒。

(1) 启动 IE,输入网址"baidu. com",进入百度搜索引擎。

(2) 输入关键字"幼儿故事三只小猪视频",单击"百度一下"。

(3) 打开视频网站,查找到下载地址,右击选择"使用网际快车下载",设置下载保存的名字、路径,单击【确定】下载。

(4) 根据下载保存的路径找到视频,并右击视频选择"使用 360 杀毒扫描"。

(5) 查杀结束后,若是压缩文件,需解压后播放。

任务小结:

通过本任务的学习,掌握网络常用软件的使用。能利用网络工具下载,并对下载的文件杀毒扫描。

思考与练习

一、选择题

1. TCP/IP 是(　　)。

　　A. 一种网络操作系统　　　　　　　　B. 一个网络地址

　　C. 一种网络通信协议　　　　　　　　D. 一个网络部件

2. 常用的通信介质有双绞线、同轴电缆和(　　)。

　　A. 微波　　　　　B. 红外线　　　　　C. 光缆　　　　　D. 激光

3. http 是一种(　　)。

　　A. 网址　　　　　B. 高级语言　　　　C. 域名　　　　　D. 超文本传输协议

4. 网络类型按通信范围(距离)分为(　　)。

　　A. 局域网、以太网、因特网　　　　　　B. 局域网、城域网、因特网

C．电缆网、城域网、因特网　　　　　　　　D．中继网、局域网、因特网

5．（　　）可用于不同类局域网之间的互联。

A．网关　　　　　　B．中继器　　　　　　C．路由器　　　　　　D．网桥

6．用计算机拨号入网的用户必需使用设备是（　　）。

A．Modem　　　　　B．电话机　　　　　　C．CD-ROM　　　　　D．鼠标

7．IP 的中文含义是（　　）。

A．网际协议　　　　B．超文本协议　　　　C．传输控制协议　　　D．电子邮件传输协议

8．URL 最接近的解释是（　　）。

A．与 IP 地址相似　　　　　　　　　　　　B．资源定位地址

C．一种超文本协议　　　　　　　　　　　　D．可解释为域名

9．以下不属于网络拓扑结构的是（　　）。

A．广域网　　　　　　B．星形网　　　　　　C．总线形网　　　　　D．环形网

10．以下不属于 IP 地址的是（　　）。

A．100.78.65.3　　　　　　　　　　　　　　B．128.0.1.1

C．192.234.111.123　　　　　　　　　　　　D．333.24.45.56

11．地址栏中输入的 http://zj.ml.com 中,zj.ml.com 是一个（　　）。

A．域名　　　　　　B．文件　　　　　　C．邮箱　　　　　　D．国家

12．通常所说的 ADSL 是指（　　）。

A．上网方式　　　　B．电脑品牌　　　　C．网络服务商　　　D．网页制作技术

13．下列 4 项中表示电子邮件地址的是（　　）。

A．ks@183.net　　　B．192.168.0.1　　　C．www.gov.cn　　　D．www.cctv.com

14．浏览网页过程中,当鼠标移动到已设置了超链接的区域时,鼠标指针形状一般变为（　　）。

A．小手形状　　　　B．双向箭头　　　　C．禁止图案　　　　D．下拉箭头

15．下列 4 项中表示域名的是（　　）。

A．www.cctv.com　　B．hk@zj.school.com　　C．zjwww@china.com　　D．202.96.68.1234

二、填空题

1．传输介质是网络中传送数据的通道,传输介质分为_____和_____。

2．写出各协议对应的中文名称:FTP _____、Telnet _____、TCP _____

3．主机域名是由几个表示不同地域范围或行业范围的域名组成。请写出下列对应的国家、地区或行业中文名称:hk _____、cn _____、com _____、gov _____、edu _____。

4．域名系统采用分层命名方式,每一层叫做一个域,每个域用_____分开。

5．网卡又称为_____,由若干计算机、终端设备、数据传输设备、宽带、模拟网络等。

6．计算机网络的主要功能_____、_____。

7．因特网服务的基本类型_____、_____、_____。

8．计算机网络最突出的优点是_____。

9．Outlook 除可发送邮件正文外,还可插入一些已经编辑好的文件和_____。

10．常见的计算机网络拓扑结构有_____种。

图书在版编目(CIP)数据

新编幼师计算机应用基础/王向东主编. —上海:复旦大学出版社,2014.1(2019.9 重印)
ISBN 978-7-309-10165-2

Ⅰ.新… Ⅱ.王… Ⅲ.电子计算机-幼儿师范学校-教材 Ⅳ.TP3

中国版本图书馆 CIP 数据核字(2013)第 263597 号

新编幼师计算机应用基础
王向东 主编
责任编辑/张志军

复旦大学出版社有限公司出版发行
上海市国权路 579 号 邮编:200433
网址:fupnet@ fudanpress.com http://www.fudanpress.com
门市零售:86-21-65642857 团体订购:86-21-65118853
外埠邮购:86-21-65109143 出版部电话:86-21-65642845
上海春秋印刷厂

开本 890×1240 1/16 印张 11.75 字数 377 千
2019 年 9 月第 1 版第 3 次印刷
印数 6 201—8 300

ISBN 978-7-309-10165-2/T·494
定价:29.00 元

如有印装质量问题,请向复旦大学出版社有限公司出版部调换。
版权所有 侵权必究